助力乡村振兴出版计划

【现代农业科技与管理系列】

安徽主要中药材
病害及绿色防控技术

主　编　郭　敏　羊国根

副主编　潘月敏　游景茂　徐建强　赵　伟

时代出版传媒股份有限公司
安徽科学技术出版社

图书在版编目（CIP）数据

安徽主要中药材病害及绿色防控技术／郭敏，羊国根主编.－－合肥：安徽科学技术出版社，2023.12
助力乡村振兴出版计划.现代农业科技与管理系列
ISBN 978-7-5337-8718-9

Ⅰ.①安… Ⅱ.①郭…②羊… Ⅲ.①药用植物-病虫害防治-安徽 Ⅳ.①S435.67

中国版本图书馆 CIP 数据核字（2022）第 254442 号

安徽主要中药材病害及绿色防控技术　　　　　主编　郭　敏　羊国根

出 版 人：王筱文　选题策划：丁凌云　蒋贤骏　余登兵　责任编辑：杨　洋
责任校对：李志成　责任印制：梁东兵　　　　　　　　装帧设计：王　艳
出版发行：安徽科学技术出版社　　　　　http://www.ahstp.net
（合肥市政务文化新区翡翠路 1118 号出版传媒广场，邮编：230071）
电话：（0551）63533330
印　　制：安徽联众印刷有限公司　　电话：（0551）65661327
（如发现印装质量问题，影响阅读，请与印刷厂商联系调换）

开本：720×1010　1/16　　　印张：10　　　字数：142 千
版次：2023 年 12 月第 1 版　　　印次：2023 年 12 月第 1 次印刷

ISBN 978-7-5337-8718-9　　　　　　　　　　　定价：43.00 元

"助力乡村振兴出版计划"编委会

主　任
查结联

副主任
陈爱军　罗　平　卢仕仁　许光友
徐义流　夏　涛　马占文　吴文胜
董　磊

委　员
胡忠明　李泽福　马传喜　李　红
操海群　莫国富　郭志学　李升和
郑　可　张克文　朱寒冬　王圣东
刘　凯

【现代农业科技与管理系列】

（本系列主要由安徽农业大学组织编写）

总主编: 操海群

副总主编: 武立权　黄正来

出 版 说 明

　　"助力乡村振兴出版计划"（以下简称"本计划"）以习近平新时代中国特色社会主义思想为指导，是在全国脱贫攻坚目标任务完成并向全面推进乡村振兴转进的重要历史时刻，由中共安徽省委宣传部主持实施的一项重点出版项目。

　　本计划以服务乡村振兴事业为出版定位，围绕乡村产业振兴、人才振兴、文化振兴、生态振兴和组织振兴展开，由《现代种植业实用技术》《现代养殖业实用技术》《新型农民职业技能提升》《现代农业科技与管理》《现代乡村社会治理》五个子系列组成，主要内容涵盖特色养殖业和疾病防控技术、特色种植业及病虫害绿色防控技术、集体经济发展、休闲农业和乡村旅游融合发展、新型农业经营主体培育、农村环境生态化治理、农村基层党建等。选题组织力求满足乡村振兴实务需求，编写内容努力做到通俗易懂。

　　本计划的呈现形式是以图书为主的融媒体出版物。图书的主要读者对象是新型农民、县乡村基层干部、"三农"工作者。为扩大传播面、提高传播效率，与图书出版同步，配套制作了部分精品音视频，在每册图书封底放置二维码，供扫码使用，以适应广大农民朋友的移动阅读需求。

　　本计划的编写和出版，代表了当前农业科研成果转化和普及的新进展，凝聚了乡村社会治理研究者和实务者的集体智慧，在此谨向有关单位和个人致以衷心的感谢！

　　虽然我们始终秉持高水平策划、高质量编写的精品出版理念，但因水平所限书中仍会有诸多不足和错漏之处，敬请广大读者提出宝贵意见和建议，以便修订再版时改正。

本册编写说明

　　随着中医药的兴起，市场对中药原材料的需求急剧增加。人工种植药用植物是实现中药资源再生和持续利用的有效途径。目前，我国中药材种植面积超过333.33万公顷，药用植物人工栽培品种已达272种。随着人工种植药材种类的增加，栽培面积不断扩大，单一的种植生态环境致使药用作物的病虫草害形势严峻。如今，我国中药材种植过程中主要依赖化学农药防治病虫害。由于相关基础调查和研究工作薄弱，我们对病虫害种类及发生规律尚不完全了解，因而中药材病害防治盲目性大，防治效率低；同时，大部分中药材缺乏登记的专用农药品种，农药的滥用、乱用导致农药残留超标问题时有发生，严重影响了中药材的品质和药效。

　　随着人们生活水平的提高和环境保护意识的增强，人们越来越关注中药材的绿色生产及产品的安全和品质。发展绿色中药材必须大力倡导中药材种植的绿色发展理念，从源头上提升中药材的质量和安全。药用植物病虫害的防治是中药材绿色种植中的重要环节。药用植物病虫害的绿色防控，必须在了解病虫害的种类及其发生规律的基础上，遵循"预防为主，综合防治"的原则，采用以农业防治为基础，以生态调控、理化诱控和生物防治为重要手段，以化学防治为应急措施的策略，优先采用健身栽培、理化诱控、生物防治等绿色防控技术，设法减轻病虫害的发生，保证中药材的品质和一定量的产出。近年来，针对我国大宗药材生产全过程中发生普遍、危害严重、难于防治的多发性害虫、蛀茎性害虫、土传病害、地上部病害和贮藏期病虫害，开展了以生物防治为主的综合防治技术研究，取得了明显的进展。我们根据最新资料和科研成果针对安徽地区主要栽培的黄精、栝楼、菊花、桔梗、石斛、白术等中药材生产中重发、频发的病害进行了重点介绍，努力为中药材的绿色生产提供现实的指导。

　　本书在编写过程中，得到了中药材种植有关方面专家的大力支持，在此表示感谢。

目　录

第一章 安徽主要中药材病害

安徽省有常用大宗药材 300 余种，中药材种植面积稳定在 220 万亩（1 亩≈667 平方米）左右，目前形成了以亳州、阜阳为重点的皖北中药材种植生产区域，以六安、安庆为重点的皖西大别山特色中药材生产区域，以黄山、宣城、池州、芜湖、铜陵等地为重点的皖南山区中药材生产区域。已建有白芍、菊花、牡丹皮、栝楼、桔梗、薄荷、板蓝根、石斛、灵芝、天麻、白术、黄精、太子参、玄参、白芷、前胡、丹参、知母等 20 余种中药材的符合中药材生产质量管理规范（GAP）或道地中药材标准要求的生产基地。

随着中药材人工种植的快速发展，中药材产量的大幅提升在一定程度上缓解了中药材需求紧张的现状。然而，由于大面积集中单一种植和长期连作，导致中药材病害的发生和扩散蔓延的加剧，再加上种植和加工过程中农药的不合理使用，使中药材的安全性和品质受到严重影响。明确中药材生产上病害的种类及发生特点和规律是病害绿色防控的前提，是促进中药材产业健康发展的重要保障。本章重点介绍了安徽省主栽中药材品种，如黄精、栝楼、菊花、桔梗、石斛、白术等在生产中重发、频发病害的症状、发病特点及防治要点，为中药材绿色安全生产提供参考。

▶ 第一节 黄精病害

黄精是百合科（Liliaceae）黄精属（*Polygonatum*）多年生草本植物，主要分布在四川、贵州、湖南、湖北、河南、江西、安徽、江苏等地。黄精为我

1

国传统补益类中药,可药食两用。《中华人民共和国药典》确定多年生草本植物黄精(*Polygonatum sibiricum*)、多花黄精(*P. cyrtonema*)和滇黄精(*P. kingianum.*)为中药黄精的基原物种。

近年来,随着对黄精研究的深入及其应用领域的拓展,市场对黄精的需求日益增大。因此,黄精中药材人工栽培的面积不断扩大。在黄精栽培过程中,因管理不当、种植年限延长等导致黄精病害的逐年加重,已严重影响到黄精根状茎的产量和品质。黄精生产中常见的病害有黄精叶斑病、黄精黑斑病、黄精叶枯病、黄精褐斑病、黄精炭疽病、黄精白绢病、黄精锈病、黄精根腐病、黄精茎腐病、黄精灰霉病等,其中黄精叶斑病最常见,黄精白绢病和黄精黑斑病造成的病害损失较重。目前,对黄精病害的发生与防控方面的研究还相对有限。

一 黄精叶斑病

1.发病症状

黄精叶斑病主要危害叶片,一般受害叶片叶尖、叶缘先出现褪色斑点,后病斑扩大,呈椭圆形或不规则形;后期病斑中心呈灰白色,边缘呈棕褐色,与健康组织交界处有明显黄晕,病斑形似眼状(图1-1)。湿度大时,病斑中央产生密集的黑色小粒点(分生孢子器)。发病严重时,多个病斑融合,引起叶片大面积枯死,并可逐渐向上蔓延,最后全株叶片枯死、脱落。

2.发病特点

引起黄精叶斑病的病原菌比

图1-1 黄精叶斑病

较复杂,主要有叶点霉属(*Phyllosticta*)和链格孢属(*Alternaria*)真菌,以及茎点霉属(*Phoma*)草茎点霉(*P. herbarum*)。一般多发于夏秋两季,雨季发病较严重。高温高湿是叶斑病发生的主要原因。一般于6月初在冬季未死亡的植株叶上出现新病斑,7月初转移到当年萌发出的新植株基部叶上始发,并逐渐上移,到7月底发病已较严重,出现整株枯死的现象。8—9月伴随着多种其他原因导致的田间植株死亡,发病达到高峰。10月发病植株上又有零星病斑出现,至11月上旬普遍发病且严重。

3.防治要点

(1)农业防治:选择在次生林下、灌丛或山坡阴地块种植,土壤以质地疏松、保水力好的壤土或沙壤土为宜;选择无病虫为害、无损伤、芽头完好的种茎或实生苗做种苗;宜与禾本科作物轮作,或在土壤翻耕前种植绿肥作物,以提高土壤肥力。注意:采取适宜的栽植密度,提高通风透湿;田间开沟排水,减少田间土壤湿度,雨后及时排水,防止局部水淹,减轻叶斑病的发生;倒苗或收获根茎后,清洁田地,将茎叶等病残体集中烧毁,减少越冬菌源。

(2)药剂防治:发病前期可用50%福美双可湿性粉剂800~1 000倍液或65%代森锌可湿性粉剂500倍液喷雾预防,每隔7~10天喷施1次,连续喷2次。发病初期,可采用80%乙蒜素乳油2 000倍液、10%多抗霉素可湿性粉剂1 200倍液、200亿孢子/克枯草芽孢杆菌可湿性粉剂、5%香芹酚750倍液或5%香芹酚750倍液+33.5%喹啉铜1 500倍液（各50%容积比）混合制剂等进行防治。

二 黄精黑斑病

1.发病症状

主要危害黄精植株的叶片和茎秆,也可侵染果实。染病叶病斑呈圆形或椭圆形,紫褐色,后变为黑褐色,严重时多个病斑可连接成大斑,遍及全叶。病叶枯死发黑,不脱落,悬挂于茎秆。茎部受害后,呈现黄褐色椭圆

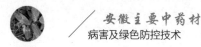
形病斑,逐渐向下、向上扩展,后期病斑中间凹陷,表面产生大量黑色霉层,即病原菌分生孢子梗和分生孢子。发病严重时,病斑凹入茎内组织,致茎秆折倒。染病果实病斑呈黑褐色,略凹陷。

2.发病特点

黄精黑斑病主要是由链格孢属(*Alternaria*)和壳针孢属(*Septoria*)真菌侵染引起的一种病害。一般于5月底开始在老植株叶片上发生,7月初在新生植株上出现,7—8月发生较严重。黑斑病是从顶部向下蔓延的,故蔓延速度较慢,到7月底,其发病程度较叶斑病轻。

3.防治要点

(1)农业防治:选择在次生林下、灌丛或山坡阴地块种植,土壤以质地疏松、保水力好的壤土或沙壤土为宜;选择无病虫为害、无损伤、芽头完好的种茎或实生苗做种苗;宜与禾本科作物轮作,或土壤翻耕前种植绿肥作物,以提高土壤肥力;生长期间及时摘除病叶,适当增施有机肥及磷、钾肥,增强植株生长势,提高植株抗病力;冬季植株倒苗后,及时清除残枝落叶,集中烧毁,以消灭越冬菌源。

(2)药剂防治:发病前及发病初期,喷施1:1:100倍波尔多液或50%福美双1 000倍液预防;发病期间,选用400克/升氟硅唑乳油、43%氟菌·肟菌酯悬浮剂、80%戊唑醇可湿性粉剂或300克/升苯甲·丙环唑乳油等药剂防治,每隔7~10天喷施1次,连续喷2~3次。上述药剂轮换使用。

三 黄精叶枯病

1.发病症状

发病前期,染病植株叶尖、叶缘出现椭圆形或不规则形灰褐色病斑,病斑边缘颜色较深,呈红褐色。病斑逐渐向叶基部延伸,3个月左右,病斑蔓延至半叶或整叶,直至整个叶片变为褐色至灰褐色。后期,在病叶背面或正面出现黑色茸毛状物或黑色小点。

2.发生特点

黄精叶枯病主要由尖孢镰刀菌（*Fusarium oxysporum*）和间座壳属（*Diaporthe*）真菌侵染引起。病原菌在病残体上越冬,翌年春季温度适宜时,病菌孢子借风、雨水传播,侵染危害黄精叶片。该病一般于 4 月初植株展叶至倒苗期发生。随着黄精的生长,病害呈逐步加重的趋势,在结实期达到发病高峰期。植株中下部叶片和老叶发病重。高温高湿、田间草害严重、通风不良,有利于该病害的发生。生长势弱的植株发病较严重,高温、强光照会加速病叶枯死。

3.防治要点

(1)农业防治:选择在次生林下、灌丛或山坡阴地块种植,土壤以质地疏松、保水力好的壤土或沙壤土为宜;选择无病虫为害、无损伤、芽头完好的种茎或实生苗做种苗;宜与禾本科作物轮作,或土壤翻耕前种植绿肥作物,以提高土壤肥力;合理密植,保持地块通风透光;适当增施有机肥及磷、钾肥,增强植株生长势,以提高植株抗病力;冬季植株倒苗后,及时、彻底清除残枝落叶,以减少翌年的侵染源。

(2)药剂防治:发病严重的地区,可选择 1:1:100 倍波尔多液、50%托布津 500~800 倍液、50%多菌灵可湿性粉剂 1 000 倍、50%苯莱特 1 000~1 500 倍、65%代森锌 500 倍液等药剂防治, 每隔 10 天左右喷施 1 次,连续喷施 2~3 次。为防止产生抗药性,应合理轮换或复配使用,采收前 10 天停止用药。

（四）黄精褐斑病

1.发病症状

褐斑病主要危害黄精叶片。发病初期为紫红色斑点,后病斑扩大,呈圆形或不规则形,边缘呈棕褐色至暗褐色,中间呈淡褐色并着生黑色小点,病斑周围有黄色晕圈(图 1-2);发病严重时,病斑中央组织坏死,呈薄膜状或脱落穿孔,多个病斑能融合形成大面积枯死斑,最终导致植株地

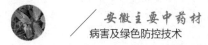

图 1-2　黄精褐斑病

上部分枯死。

2.发病特点

褐斑病病原菌为拟盘多毛孢属（*Pestalotiopsis*）真菌棕榈拟盘多毛孢（*P. trachicarpicola*）和拟茎点霉属（*Phomopsis*）真菌。该病从 5 月初直至收获期均可感染，一般 7—8 月发病较重。氮肥施用过多、植株过密及田间湿度大均有利于发病。

3.防治要点

（1）农业防治：选择湿润和有充分荫庇的地块，土壤以质地疏松、保水力好的壤土或沙壤土为宜；选择无病虫为害、无损伤、芽头完好的种茎或实生苗做种苗；宜与禾本科作物轮作，或土壤翻耕前种植绿肥作物，以提高土壤肥力；施足底肥，增施有机肥和磷、钾肥，培育壮苗，以增强抗病和抗逆能力；适时封顶，控制黄精种植基地的庇荫度。发现病叶和病株，应及时清除，带出田外深埋或烧毁，可减轻病害传播蔓延的速度。

（2）药剂防治：春季黄精出苗前，用硫酸铜 250 倍液喷施；发病前期，喷施 1:1:150 波尔多液；发病严重时，可用 50%代森锰锌 600 倍液、50%甲硫·乙霉威 500 倍液或甲基托布津等药剂交替使用，每隔 7~10 天喷施 1 次，连续喷施 2~3 次。

五　黄精炭疽病

1.发病症状

黄精炭疽病主要危害叶片和茎秆,亦可感染果实。受害植株叶尖、叶缘先出现水渍状红褐色小点,后扩展成椭圆形、楔形至不定形褐斑,病斑中心稍微下陷、呈浅褐色,边缘略隆起、呈红褐色,病斑外围呈黄褐色,后期病斑上着生黑色小粒点(图 1–3);湿度大时,病斑扩展迅速,可引起叶片大量枯死。茎部受害后,形成褐色稍凹陷病斑,后期茎秆枯死。果实染病形成黑色病斑,最后导致果实穿孔、腐烂。

图 1–3　黄精炭疽病

2.发病特点

黄精炭疽病是由刺盘孢属(*Colletotrichum*)真菌引起的一种病害,通常于 4 月下旬开始发生,8—9 月最严重。炭疽病在黄精出苗期开始发生,随着黄精的生长,病害呈逐步加重的趋势,结实期达到发病高峰。

3.防治要点

(1)农业防治:选择在次生林下、灌丛或山坡阴地块种植,土壤以质地疏松、保水性好的壤土或沙壤土为宜;选择无病虫为害、无损伤、芽头完好的种茎或实生苗做种苗;施足底肥,增施有机肥和磷、钾肥,培育壮苗,以增强抗病和抗逆能力。发现病叶和病株,应及时清除,带出田外深埋或烧毁,以减轻病害传播蔓延的速度;冬季黄精地上部分枯死后,需及时清理种植基地的枯枝败叶、病残体、杂草。宜与禾本科作物轮作。

(2)药剂防治:发病前或者发病初期,可采用多菌灵或福美双可湿性粉剂 1 000 倍液喷雾预防;发病期间,可使用 25%咪鲜胺乳油、10%苯醚甲环唑水分散粒剂、75%代森锰锌可湿性粉剂和15%三唑酮可湿性粉剂600~800倍喷施防治,每隔7~10天喷施1次,连续喷施2~3次。

六 黄精白绢病

1.发病症状

主要危害植株茎部,早期发病田里的病株呈零星分布,病株叶片发黄,逐渐枯死,地下根茎腐烂,发病部位遍布大量白色绢丝状菌丝(图1-4);中后期土表开始产生乳黄色至褐色菜籽状菌核,田里的病株呈中心分布。

2.发病特点

黄精白绢病的病原菌主要有小核菌属(*Sclerotium*)真菌齐整小核菌(*S. rolfsii*)和翠雀小核菌(*S. delphinii*)。白绢病是目前黄精人工栽培中危害损失较大的

图1-4 黄精白绢病

土传病害。病菌喜高温高湿,在高温多雨季节多发,低洼湿地发病较重。5月下旬至6月上旬开始发病,7—8月温度30 ℃左右时发病最重,9月末停止发病。酸性至中性土壤和黏质土壤易发病;土壤湿度大,特别是连续干旱后遇雨水有利于菌核萌发;连作地块及黏质土壤地块或排水不良、肥力不足、植株生长纤弱或密度过大的地块发病重;根颈部受太阳灼伤的植株也易感病。

3.防治要点

(1)农业防治:选择湿润且有充分荫庇的地块,土壤以质地疏松、保水性好的壤土或沙壤土为宜;选择无病虫为害、无损伤、芽头完好的种茎或

实生苗做种苗,与不易感病作物轮作或水旱作物轮作;合理密植,以保持地块通风透光;雨季注意清沟排水,以避免渍害烂根;施足底肥,适当增施磷、钾肥和生物菌肥,增强植株生长势,提高植株抗病力;冬季植株倒苗后,及时清除残枝落叶,减少越冬病原菌数量。

(2)药剂防治:栽种前,采用敌克松等土壤消毒剂消毒。种苗栽植前,采用50%多菌灵500倍液或咪鲜胺3 000倍液浸渍处理,晾干后栽植。发病初期采用5%井冈霉素、23%噻呋酰胺悬浮剂800~1 000倍液、3%广枯灵800~1 000倍液、25%戊唑醇2 500倍液、40%菌核净600倍液,灌根处理,每株(穴)淋灌0.4~0.5升,隔7~10天再灌1次,上述药剂可复配或交替使用。另外,采用哈茨木霉、绿色木霉和井·蜡芽等进行生物防治。

七 黄精根腐病

1.发病症状

黄精根腐病主要侵染植株地下部分,发病初期,染病植株地上部分不表现明显症状,地下根部出现水渍状坏死斑(图1-5);后期严重时,根内部腐烂,仅残留纤维状维管束,病部呈红褐色至深褐色。湿度大时,根茎表面可见白色霉层。发病植株随病害发展,地上部生长不良,叶片逐渐变黄,植株自下而上逐渐枯萎,最后整株枯死,腐烂病株极易从土中拔起。

2.发病特点

根腐病是由多种病菌混合侵染造成。不同地区或同一地区不同

图1-5　黄精根腐病

年份因生态条件不同，其优势病原菌种类也存在差异。黄精根腐病的病原菌主要有镰刀菌属（*Fusarium*）的尖孢镰刀菌（*F. oxysporum*）、腐皮镰刀菌（*F. solani*）和刺盘孢属（*Colletotrichum*）滇黄精刺盘孢（*C. kingianum*）。根腐病是影响黄精产量与质量的主要病害之一。黄精根腐病在苗期至生长中后期均可发生，一般于6—9月雨季时最严重。连作旱地发病重，田间湿度大、受渍、土壤黏重、透气性差发病重，覆盖太厚、根部肥害、根茎有创伤或地下害虫危害等情况下易发病。

3.防治要点

（1）农业防治：选择湿润且有充分荫庇的林地或坡地，土壤以质地疏松、保水力好的壤土或沙壤土为宜；选择抗病性好、无病虫为害、无损伤、芽头完好的种茎或实生苗做种苗；宜与禾本科作物轮作，或土壤翻耕前种植绿肥作物，以提高土壤肥力；适当增施磷、钾肥和生物菌肥，以增强植株生长势，提高植株抗病力；合理密植，保持通风透光，降低土壤湿度；雨季注意清沟排水，避免渍害烂根；冬季植株倒苗后，及时清除病残体，以减少翌年的侵染源。

（2）药剂防治：移栽前，选用草木灰或90%噁霉灵1 000~1 500倍液处理种茎伤口，伤口稍加晾干后即可栽种；发病期间，选用25%多菌灵可湿性粉剂250倍液喷淋或者灌窝；或者选用45%咪鲜胺水乳剂、40%氟硅唑乳油、50%多菌灵可湿性粉剂、1%申嗪霉素悬乳剂或戊唑醇和腈菌唑药剂复配（4:1）进行喷雾、冲施或滴灌，严重时需要灌根防治，每隔7天喷施1次，连续喷施2~3次。若发现地下害虫危害，选用1%阿维菌素颗粒剂撒施，2~3千克/亩；或用50%辛硫磷乳油淋根。

（八）黄精茎腐病

1.发病症状

黄精茎腐病主要危害茎基部，受害植株由下部叶片向上逐渐扩展，呈青枯症状，似开水烫过，最后全株显现症状。发病初期，植株茎部出现黑褐色斑点，之后斑点逐步扩大连片，导致病株茎基部变软，内部空松，遇风易倒折,雨后较多见。植株根系明显发育不良,根少而短,变黑腐烂;剖茎检查,髓部空松,根、茎基和髓部可见褐色病斑(图1-6)。

图1-6 黄精茎腐病

2.发病特点

黄精茎腐病是由镰刀菌属(*Fusarium*)真菌侵染引起的土传病害。该病发生于雨后高温天气,主要发生在夏秋季节。

3.防治要点

(1)农业防治:选择在次生林下、灌丛或山坡阴地块种植,土壤以质地疏松、保水力好的壤土或沙壤土为宜;选择无病虫为害、无损伤、芽头完好的种茎或实生苗做种苗;科学施肥,选用经腐熟的有机肥为底肥,注意控制氮肥施用量,适当增加磷、钾肥用量;注意合理密植,雨后及时排水,保持适当湿度;中耕除草时不要碰伤根茎部,以免病菌从伤口侵入;冬春季要结合田间管理,及时清理倒苗后的残枝落叶和病残体,并及时将其带出园区作集中深埋或烧毁处理,以减少越冬病原菌数量。

(2)药剂防治:发病初期选用72%甲霜灵锰锌600倍液、75%百菌清600倍液或80%代森锰锌500倍液喷施植株茎基部。发病严重时,选用25%多菌灵可湿性粉剂250倍液喷淋;或者选用45%咪鲜胺水乳剂、40%氟硅唑乳油、50%多菌灵可湿性粉剂、1%申嗪霉素悬乳剂等药剂进行防治,每

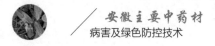
隔 7 天喷施 1 次,连续喷施 2~3 次,注意药剂轮换使用。

九 黄精灰霉病

1.发病症状

在黄精的叶、茎秆、花和幼果上均可发生,以危害花果为主,常造成叶片、幼茎、花蕾和花瓣腐烂。叶片染病从叶尖或叶缘开始,产生不定形水渍状、灰褐色至浅褐色病斑,可造成叶片湿腐凋萎;天气潮湿时,病斑上长出灰色霉层。茎部染病,病斑长条形,水渍状暗绿色,后变为褐色,凹陷、软腐,往往引起茎折断或植株倒伏,幼茎受害则危害更大,常突然萎蔫或倒伏。花器染病,花蕾、花瓣变褐色腐烂,表面产生灰色霉层,病部有时延伸到花梗。染病果实果面出现褐色斑,并有褐色黏液溢出,全果迅速腐烂,最后失水,变为僵果。

2.发病特点

黄精灰霉病由灰葡萄孢菌(*Botrytis cinerea*)侵染引起。病菌在土壤或病残体上越冬及存活,借雨水、风或浇水等农事活动等传播。一般在 6 月底至倒苗前发病,7—8 月为发病高峰期。高湿、植株茂密、栽培空间封闭、通风不畅等条件下,发病尤为突出。

3.防治要点

(1)农业防治:选择背阴、沥水条件好的林地和坡地种植,以质地疏松、保水性好的壤土或沙壤土为宜;选择无病虫为害、无损伤的芽头或实生苗做种苗。加强水肥管理,移栽前选用腐熟有机肥作底肥,并与园区土壤混匀。生长期,科学施用氮、磷、钾肥,合理控制氮肥的用量,根据生长情况适时增施磷、钾肥,提高植株自身抗病力。加强田间管理,及时清除、销毁病残体;合理密植,控制田间透光度,注意雨前重点防病、控病。

(2)药剂防治:发病初期,选用 40%啶酰·咯菌腈悬浮剂、45%异菌脲悬浮剂、40%嘧霉胺 1 000 倍液、50%啶酰菌胺 1 200 倍液、43%腐霉利等药液喷施、喷淋植株。

十 黄精锈病

1.发病症状

锈病主要危害黄精叶片,发病初期叶片散生淡黄色小点,后逐渐扩展为圆形或不规则形黄褐色病斑,叶背面初期有黄色环状小粒,后期小粒破裂散出锈色孢子粉。发病后期叶片呈枯黄色至暗褐色,严重时会导致叶片大量脱落,甚至植株死亡(图1-7)。

图1-7 黄精锈病

2.发病特点

黄精锈病由真菌侵染引起,病原菌以菌丝体随病残体在土表越冬。翌年形成锈孢子器借气流、雨水传播。多雨、高温、重露、大雾、大气相对湿度达85%以上有利于发病。该病多于6月中下旬开始显症,8—9月为发病盛期。

3.防治要点

(1)农业防治:选择无损伤且芽头饱满的种茎或实生苗为种苗;移栽前施足底肥,增施磷、钾肥。培育壮苗,增强抗病和抗逆能力;及时清除田间杂草,适时浇水和排水,控制田间土壤湿度,加强田间空气流通;发病初期及时摘除病叶,可控制病害蔓延;地上植株枯萎后,彻底清除病残体

和杂草,集中深埋或烧毁,可减少越冬病原菌数量。

(2)药剂防治:在黄精枯萎后、出苗前,各喷洒 1 次多菌灵 500 倍液、粉锈宁 2 000 倍液进行土壤消毒。在黄精展叶后,喷洒粉锈宁 1 000 倍液,每隔 10~15 天喷洒 1 次,连续喷施 2~3 次。

▶ 第二节 栝楼病害

栝楼(*Trichosanthes kirilowii* Maxim.)又名瓜蒌、吊瓜,是葫芦科(Cucurbitaceae)栝楼属(*Trichosanthes* Linn.)的一种多年生藤本植物,在我国安徽、山东、江苏等地都有种植。栝楼作为我国传统的中药材植物,果实、根、种子均可入药。

栝楼病害的发生逐年加重,较严重的病害有栝楼炭疽病、栝楼叶枯病、栝楼细菌性角斑病、栝楼蔓枯病、栝楼根腐病、栝楼根结线虫病等,严重影响栝楼的产量和品质。根结线虫已成为栝楼种植中最为严重的致病因子,也是栝楼枯死、减产的最重要的原因。据统计,多年种植的田块导致的发病率高达 90%~100%。根结线虫病可导致栝楼减产 30%~50%,严重的可达 80%甚至更高。栝楼炭疽病病田率在 80%以上,病株率在 15%~55%。目前生产上,栝楼主要采用块根繁殖,种苗带病传播是造成后期病害流行的重要原因之一。

━ 栝楼炭疽病

1.发病症状

栝楼炭疽病在幼苗和成株期都能发生,主要危害叶片、茎蔓和果实。叶片受害,呈现大小不等的近圆形病斑,初为水渍状,逐渐扩大成不规则褐色病斑,周围常伴有黄色晕圈,病斑上着生黑色小点,中部出现同心轮纹,多个病斑相连成片,导致叶片早枯;病斑在潮湿环境下会生出粉红色的黏稠状物,干燥条件下病斑易破裂。茎蔓受害初期,出现水渍状的黄褐色病斑,病斑颜色逐渐变深,呈长圆形,凹陷。果实受害初期,呈现暗绿色水渍状斑点,后逐渐扩大为近圆形深褐色病斑,稍凹陷;后期病部表面着生黑色小点,果实变形,重发病果失水成黑色僵果(图1-8)。

图1-8　栝楼炭疽病(赵伟　供图)

2.发病特点

栝楼炭疽病主要由刺盘孢属(*Colletotrichum*)真菌侵染所致,是栝楼种植中的主要病害之一。病原菌主要在栝楼病果、病叶和种子上潜伏越冬,产生的大量分生孢子成为次年田间的主要侵染源。炭疽病在栝楼全生育期都可发生,8—9月为发病高峰期。地势低洼、种植过密、通透不良、氮肥过多、连作重茬易引起发病。

3.防治要点

(1)农业防治:选用适应性和抗病性强的品种,并实行轮作;雨季及时清沟排水和中耕松土,严防积水;加强田间管理,及时整枝修剪,确保通风、透光、增氧,促使植株健康生长;合理施肥,控氮增磷补钾肥,生育后期根外追施磷、钾、锌等肥料,增强植株自身抗病能力;生长期发病,及时摘除病叶,收获后清洁田园,清除残枝落叶、杂草,减少越冬病原菌数量。

(2)药剂防治:栝楼开花期至长果期是炭疽病发病的高峰期,也是此病防治的主要时期。发病初期应及时用药,可用 3%中生菌素可湿性粉剂、50%多菌灵可湿性粉剂 600 倍液、1%多氧霉素水剂轮流间隔 7 天喷施 1 次;或用 75%百菌清可湿性粉剂、32.5%苯甲·嘧菌酯悬浮剂、25%嘧菌酯悬浮剂或 10%苯醚甲环唑水分散粒剂 1 000~1 500 倍液喷雾防治。

二 栝楼叶枯病

1.发病症状

叶枯病主要危害栝楼叶片,在栝楼苗期、成株期均可发生。发病初期,植株下部叶片边缘出现不规则黄褐色坏死斑,病斑周围伴有黄色晕圈。随着病害的发展,病斑逐渐向叶片基部扩展延伸,多个病斑相互汇合,形成大面积坏死斑,最终导致叶片的坏死、脱落。

2.发病特点

栝楼叶枯病由链格孢属(*Alternaria*)交链格孢菌(*Alternaria alternata*)侵染引起,病原菌以菌丝体或分生孢子在病部或随落叶在土壤中越冬,翌春产生分生孢子借气流、雨水进行传播和初侵染。连作地块、偏施氮肥、湿气滞留或雨季情况下易发病。

3.防治要点

(1)农业防治:选用适应性和抗病性强的品种,并实行轮作或套作;加强田间管理,雨季及时清沟排水和中耕松土,严防积水;科学施肥,施足底肥,生长后期宜根外追施磷、钾、锌等肥料,以增强植株自身抗病能力;生长期及时整枝修剪,确保通风、透光、增氧,以促使植株健康生长;田间遇植株发病时,及时摘除病叶,收获后及时清洁田园,清除残枝落叶和杂草,减少越冬病原菌数量。

(2)药剂防治:苗期(4月下旬—5月中旬)和幼果期(6月下旬—7月上旬)为防治关键时期。发病初期,用 70%代森锰锌可湿性粉剂 1 000 倍液、25%咪鲜胺乳油 2 000 倍液或 75%百菌清可湿性粉剂 800 倍液进行喷雾防治,每隔7天喷施 1 次,连续喷施 2~3 次。

三 栝楼细菌性角斑病

1.发病症状

栝楼角斑病是一种细菌性病害,主要危害叶片,茎蔓、卷须和果实亦可受害。发病初期叶片呈浅绿色水渍状斑点,逐渐变为黄褐色,后期病斑受叶脉限制呈多角形、灰褐色;湿度高时,病部溢出乳白色菌脓,干燥后具白痕,病部质脆,易穿孔。茎蔓、卷须和叶柄受害,呈现水渍状小点,纵向扩展呈短条状。湿度大时,可见菌脓。

2.发病特点

引起栝楼角斑病害的病原种类较复杂。研究显示,鞘氨醇单胞菌属(*Sphingomonas*)的血红鞘氨醇单胞菌(*Sphingomonas sanguinis*)和抹布鞘氨醇单胞菌(*S. panni*)可引起角斑病。病原菌在种子或随病残体在土壤中越冬,田间可借助风、雨水或灌溉水传播,从伤口或气孔侵入寄主引起病害。多雾、多露也有利于病害的发生;多雨、低洼地及连作地块发病重,以开花、座瓜期至采收期最易感病。

3.防治要点

(1)农业防治:选育和利用抗病能力强的品种是预防角斑病流行的重要前提;实行与禾本科作物等轮作,可以消灭或减少病菌在土壤中的数量;雨季及时清沟排水,严防积水和涝害;生长旺盛期,及时整枝修剪,改善田间通风透光条件和降低田间湿度;根据土壤肥力状况,合理施肥,施足基肥,生长期注意控制氮肥用量,避免氮肥多施导致栝楼旺长或感病;中后期,适当增施磷、钾、锌等肥料,以增强植株自身抗病能力,促进其健康生长;生长期田间出现发病中心后,应及时摘除病叶;栝楼收获后,结合田间管理,及时清洁田园,处理残枝落叶,可有效压低越冬菌源基数。

(2)药剂防治:发病初期可喷施波而多液(1:1:100)、86.2%氧化亚铜1 000 倍液、30%琥胶肥酸铜悬浮剂 500~700 倍液、47%春雷·王铜可湿性粉剂 800~1 000倍液或 14%络氨铜水剂 300 倍液,交替使用,每隔 5~7 天喷施 1 次,连续喷施 3~4次。

(四) 栝楼蔓枯病

1.发病症状

栝楼蔓枯病主要危害茎蔓,叶片和果实等地上部分也能受害。茎蔓染病,主要发生在茎基和茎节等部位,发病初期产生油浸状褪色斑,后逐渐扩大至长圆形、梭形,病部稍凹陷,呈黄褐色,生有小黑点,常溢出少量琥珀色胶质物;发病严重时,病部表皮腐烂或纵裂脱落,干燥时病茎干缩,纵裂呈乱麻状,潮湿时病部迅速扩展,绕茎蔓半周至 1 周,纵向长达几十厘米,造成病部以上茎蔓枯死(图 1-9)。叶片受害,多从叶缘开始向内形成"V"字形或半圆形黄褐色病斑,表面生有小黑点,干燥后易破裂。

图 1-9　栝楼蔓枯病(赵伟　供图)

2.发病特点

蔓枯病由壳二孢属(*Ascochyta*)真菌侵染引起。地势低洼、枝蔓过密、通风不良、施肥不足及长势衰弱的田块发病严重。高温高湿天气易发病,病情发生迅速,往往短期内引起大面积茎蔓枯萎。该病害一般始见于 6 月上中旬,在栝楼生长季节,温度为 20~25 ℃、相对湿度大于 85%时易发病,春末夏初如遇连续阴雨天,可造成栝楼大面积死亡,损失严重。

3.防治要点

(1)农业防治:选育和推广抗病品种是生产上控制栝楼蔓枯病的最有效、最简便的途径。该病菌可通过土壤传播,因此从源头杜绝病菌的侵染是预防和控制该病发生的重要措施。在栽培措施方面,应避免在蔓枯病重发地区种植感病品种,减少农事操作及灌溉等传播病菌,及时清除并销毁田间病残体。采用高畦深沟栽培,做好田间排水保障,降低田间相对湿度。与非葫芦科植物实行轮作倒茬,可有效减轻蔓枯病的发生。

(2)药剂防治:栝楼出苗期重点防治蔓枯病。发病初期,可选用40%氟硅唑乳油800倍液、1%多氧霉素水剂、10%苯醚甲环唑水分散粒剂1 000倍液、5%吡唑醚菌酯+55%代森联1 500倍液或20%嘧菌酯+12.5%苯醚甲环唑1 000~1 500倍液对中心病株及周围植株喷施,药剂交替使用,安全间隔期为7~10天,连续喷施2~3次。

五 栝楼枯萎病

1.发病症状

枯萎病从栝楼的苗期到结果期均可发生。幼苗期受害,叶片黄化、萎蔫,根茎部变褐、腐烂,出现猝倒现象。成株一般多在开花挂果期发病,发病初期植株叶片自下而上逐渐萎蔫,似缺水症状,尤其心叶萎蔫、下垂较明显,数日后整株叶片下垂,后逐渐干枯死亡,田间常连片发生。发病严重时,茎基部常呈现纵裂,并伴有黄褐色胶状物溢出。剖开病株茎基部,可见维管束变褐色,并逐渐向枝蔓扩展。在多雨或高湿条件下,病株茎基部常产生白色至粉红色霉层。

2.发病特点

栝楼枯萎病主要由尖孢镰刀菌(*Fusarium* spp.)侵染引起,病原菌以菌丝体、厚垣孢子,在土壤或病残体上越冬而成为次年初侵染源。潮湿、排水不良、连作地块、酸性土壤,生长衰弱,根部伤口多,以及地下害虫多的田块发病重。发病时间多在5—8月。7—8月因降雨集中,故通常雨后转晴、高温高湿环境极易造成栝楼枯萎病的发生与流行。

3.防治要点

（1）农业防治：栝楼枯萎病是典型的土壤传播、维管束侵染的系统性病害，其发生危害与土壤的性质及耕作、灌水、施肥等关系密切。合理选用和种植抗耐病品种是防治此病害的重要措施。受棚架等因素制约，可实行田内逐年换行轮作，2~3年一轮换，或者套种鲜食大豆、韭菜、葱、蒜等作物；使用腐熟有机肥，增施磷、钾肥；采取高垄深沟措施，保障雨季及时清沟排水，严防积水、浸水；加强田间管理，及时整枝修剪，保持通风透气，通过健身栽培，增强植株抗病能力。发现零星病株，及时带土挖除，深埋或烧毁，病穴及周围撒生石灰消毒；收获后采取深耕、晒土等方式，可减轻来年病害的发生。

（2）药剂防治：栝楼枯萎病在苗期和结果始期最易感病，因此应重点做好这两个时期的预防和防治。栽种前用50%多菌灵500倍液或生防菌剂"宁盾"进行浸种消毒处理。发病前或发病初期，施用氨基寡糖素，以提高作物抗病力。发现中心病株，应及时施药，选用申嗪霉素、噁霉灵、嘧菌酯、甲基硫菌灵、络氨铜等药剂灌根，淋湿根围为止。每隔7天施药1次，连续施3~4次，药剂轮换使用。用木霉菌等拮抗菌拌种或处理土壤，也可抑制枯萎病的发生。

（六）栝楼根腐病

1.发病症状

根腐病主要危害栝楼幼苗的根部和根茎部，成株期也能发病。田间主要表现为病株出苗偏晚，幼苗长势衰弱，成株茎蔓纤细，叶片小而枯黄，花期花蕾少，不易挂果且果实较小。发病初期，根茎病部变色或腐烂，早期植株地上部分不表现症状，随着根部腐烂程度的加剧，新叶首先发黄，晴天中午前后叶片出现萎蔫下垂现象，早晚可恢复正常，一段时间后受害植株萎蔫状况不再恢复正常，整株叶片发黄、枯萎；茎基和主根呈红褐色干腐状,表面出现纵向裂纹或红色条纹,病部维管束呈褐色,不向上扩展;严重者块根变褐、腐烂,仅剩丝状维管束(图1-10)。

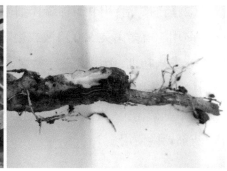

图1-10 栝楼根腐病(赵伟 供图)

2.发病特点

生态环境、真菌、线虫、细菌等均能引起根腐病,根腐病具体的致病因素比较复杂,其中真菌为主要致病因素,而腐霉菌、镰刀菌、疫霉菌等多种病原真菌是引起根腐病的主要致病菌。栝楼根腐病主要由镰刀菌属(*Fusarium*)尖孢镰刀菌(*Fusarium oxysporum*)和腐皮镰刀菌(*F. solani*)侵染引起。病原菌在土壤和病残体上越冬,成为次年主要初侵染源。病原菌从根茎部或根部伤口侵入,主要借助灌溉水或雨水、地下昆虫、线虫传播和蔓延。

栝楼种植过密、通风不良、土壤黏重、地势低洼、雨季排水不畅、土壤板结等情况下,本病易发。高温高湿环境、长期连作、根结线虫危害严重田块,缺磷、缺锌田块,发病较重。

3.防治要点

(1)农业防治:栝楼根腐病属典型的土传病害,轮作换茬是防治此病害的主要措施。生产上可与水稻等禾本科作物轮作,以破坏病原菌生存环境,减少田间菌源量;雨季及时清沟排水,防治涝害;加强田间管理,及时整枝,确保田间通风、透光,以促进植株健康生长;合理施肥,控制氮肥用量,生长后期追施磷、钾、锌等肥料,以增强其抗病能力;田间出现病株时,应及时带土清除,并做深埋或烧毁处理,病穴内及周边土壤使用生石

灰消毒;收获后,及时清理病枝条和落叶,以降低田间菌源量,减轻来年
病害的发生。

(2)药剂防治:用95%棉隆拌细土撒土表,耕翻,覆盖薄膜12天左右;
栽种前用50%多菌灵500倍液或生防菌剂"宁盾"进行浸种消毒处理。发
病前或发病初期,施用氨基寡糖素,提高作物抗病力。发现中心病株,应
及时施药,选用200亿孢子/克枯草芽孢杆菌、1%申嗪霉素、70%噁霉灵、嘧
菌酯、甲基硫菌灵、络氨铜等药剂灌根。每隔7天施药1次,连续施3~4
次,药剂轮换使用。

七 栝楼根结线虫病

1.发病症状

根结线虫病是栝楼种植中的一种毁灭性病害,主要危害根部,侧根和须根最易受害。受害栝楼主根和侧根上常形成大小不一的瘤状根结（图1-11）。受害植株地上部分通常表现为营养不良,植株矮小、生长衰弱,叶片退绿黄化,果实小而少。发病严重时,全株萎蔫、枯死。

2.发病特点

危害安徽栝楼的根结线虫主要为南方根结线虫（*Meloidogyne incognita*）,根结线虫主要以卵、卵囊或

图1-11　栝楼根结线虫病

二龄幼虫随植物病残体遗留在土壤中越冬，成为次年发病的主要侵染源。根结线虫在田间3~10厘米土层内数量最多,其在土壤中的活动范围非常有限,主要通过农事操作在病土中扩散,遗留在田间的病残体随人、畜、农机具的携带,以及病田灌水等方式进行近距离传播;通过种子和种茎等植物器官的调运进行远距离传播。土壤含水量40%左右,结构疏松、

通气良好的沙质土壤,常年连作、偏施氮肥的地块,发病较重;黏土及水旱轮作、增施有机肥的地块,发病较轻。

3.防治要点

(1)农业防治:加强检疫措施;采用无病土或基质育苗,精选无病壮苗或组培苗移栽。宜与水稻等禾本科作物轮作2~3年。对于轻发田块,可选用抗病品种及与非寄主作物如葱、蒜类蔬菜轮作。在轮作中,应清除田间杂草寄主,以免影响轮作效果。适时早栽,合理密植,采用地膜覆盖栽培,有利于控草、抗病及促进栝楼的生长;多施有机肥,抑制线虫活动,增施磷、钾肥,以提高植株抗病力;雨季及时排除田间积水,降低土壤湿度;注意田园卫生,及时清除粘在农具、鞋底上的泥土,避免携带线虫;收获后彻底清除病残根,并作集中销毁;旱季翻耕晾晒土壤,减少侵染源。

(2)药剂防治:播种前,每公顷施用0.2%阿维菌素可湿性粉20千克;种根切好后,在阳光下晒3~5小时,栽种前,用生防菌剂"宁盾"100倍稀释液浸种5分钟,并将其作为定根水按5升/亩的用量稀释到水中,均匀浇灌在根围。4月中上旬—5月中旬用"宁盾"稀释液灌根1~2次,每株次200~300毫升;9月中旬—10月底可结合抗旱追肥,用3.2%阿维菌素1 000倍液、500倍水溶肥灌根2次,每株次300~400毫升。病害发生时,可用41.7%氟吡菌酰胺80~100微升/株,兑水1 000毫升,开环沟灌根防治。

八 栝楼病毒病

1.发病症状

栝楼病毒病,也称"笼头"病,从幼苗期到成株期均可发病,田间症状表现为植株茎叶畸形,生长缓慢,包括茎蔓节间缩短、瓜蔓攀缘能力差,叶色浅或花叶,叶片皱缩;花器不育,结果少或果实畸形等。田间常有不同种类病毒复合侵染的现象,使得症状表现更为复杂。感染病毒病的病株一般不死亡,但大规模感染病毒后会严重影响栝楼的产量。

2.发病特点

栝楼病毒病侵染源来自带毒的杂草、野生瓜类、蔬菜等,主要有黄瓜花叶病毒 (*Cucumber mosaic virus*,CMV)、西瓜花叶病毒(*Watermelon mosaic virus*,WMV)等。病毒主要通过传毒媒介蚜虫取食或种子(种根)带毒传播,蚜虫高发加剧病毒病发生;该病害也可通过农事操作和病健株接触传播。高温、干旱有利于发病,缺肥、管理粗放、生长势弱的植株易感病,杂草多、与瓜类作物邻作则发病严重。

3.防治要点

(1)农业防治:选择抗病、无病毒种源;清洁田园,及时铲除病株、病残体和杂草,消灭带毒蚜虫;高畦栽培,施足底肥,施用充分腐熟的有机肥,增施磷、钾肥,以促进植株健壮生长,增强其抗病性;田间悬挂黄板,诱杀蚜虫,同时保护好瓢虫、草蛉、食蚜蝇等天敌昆虫。

(2)药剂防治:该病主要通过蚜虫进行田间传播,通过防治蚜虫减轻病毒病发生。可施用0.3%苦参碱植物源杀虫剂500倍液,或10%吡虫啉可湿性粉剂1 500倍液,或25%吡蚜酮可湿性粉剂2 000倍液;发病初期,可用2%香菇多糖500倍液或6%低聚糖素500倍液进行喷雾,以提高植株的抗病力。药剂交替轮换使用,每隔7~10天喷施1次,连续喷2~3次。

▶ 第三节　桔梗病害

桔梗[*Plantycodon grandiflorum*(Jacq)A. DC.]为桔梗科多年生草本植物,以根入药,是一种常用的药食两用植物。山东淄博博山及周边地区、安徽亳州、安徽太和为桔梗的三大主产区,占桔梗总种植面积的75%左右。

桔梗常见的病害主要有桔梗炭疽病、桔梗斑枯病、桔梗根腐病、桔梗立枯病、桔梗根结线虫病等,其中桔梗根腐病、桔梗立枯病、桔梗根结线虫病对桔梗生产危害更大。到 2015 年桔梗根结线虫病发病率高达80%，严重度在 70%以上，同时因线虫侵入造成的伤口又为其他病原物的侵入提供了便利，故可与细菌、病毒和真菌等共同作用，引发复合侵染；桔梗根腐病病田率高达 63%，严重田块病株率高达 80%甚至更多。此外，桔梗立枯病发病率高达 70%，严重影响桔梗的商品价值，给药农造成巨大的经济损失。

一 桔梗炭疽病

1.发病症状

桔梗炭疽病主要危害叶片和茎秆基部。发病初期，叶面、茎基部出现褐色斑点，后逐渐扩大至茎秆四周，表皮粗糙、呈黑褐色；后期病斑收缩凹陷，植株于病部折断倒伏；多雨高湿环境下，病斑呈水渍状，迅速蔓延，后期植株茎叶枯萎。

2.发病特点

桔梗炭疽病的病原菌为子囊菌门刺盘孢属真菌（*Colletotricchum sp.*）。病原菌在病部内越冬，成为第二年初次侵染源，7—8 月高温高湿季节发病严重。

3.防治要点

（1）农业防治：秋后彻底清理田间，将残株、病叶清除出田外，集中烧毁和深埋，可减少病原菌；加强田间管理，合理密植；雨季注意排水，降低土壤湿度，可减轻病害的发生。

（2）药剂防治：播种前，将枯草芽孢杆菌稀释后，结合浇水沟施或穴施预防；发病初期，喷施 3%中生菌素水剂 800~1 000 倍液，或用多粘类芽孢杆菌可湿性粉剂 200 克喷施防治，每隔 7~10 天喷施 1 次，连续喷施 3 次。

二 桔梗斑枯病

1.发病症状

桔梗斑枯病主要危害叶片。发病初期,受害叶片两面呈现圆形或近圆形病斑,直径 2~5 毫米,灰白色;或受叶脉走向限制,呈不规则形。后期,病斑转为灰褐色,并伴有密集的小黑点,即病原菌的分生孢子器。发病严重时,病斑汇合成片,导致叶片干枯。

2.发病特点

桔梗斑枯病的病原菌为子囊菌门壳针孢属桔梗多隔壳针孢(*Septoria platycodonis*)。一般 6 月开始发病,7—8 月发病严重,与种植密度大、环境高温高湿有关。

3.防治要点

(1)农业防治:加强田间管理,秋后开展田园清洁工作,及时将残株、病叶清除出田外,并进行集中烧毁和深埋,可有效减少越冬病原体;夏季加强排水,以降低土壤湿度;增施磷、钾肥,以提高植株抗病能力。

(2)药剂防治:发病初期用 50%甲基托布津可湿性粉剂 1 000 倍液,或 50%多菌灵可湿性粉剂 800~1 000 倍液,或 1:1:100 的波尔多液喷雾防治,每隔 10~15 天喷施 1 次,连续喷施 2~3 次。

三 桔梗根腐病

1.发病症状

桔梗根腐病主要危害根部。轻发侵染的植株在侵染初期表现出矮化或轻度萎蔫症状,侵染后期叶片萎蔫。感染植株根部,通常呈黄褐色至黑褐色,发病严重时根系全部腐烂,最终导致整株死亡。

2.发病特点

桔梗根腐病的病原菌为镰刀菌属真菌(*Fusarium* sp.)。夏季高温高湿条件下易发病。该病害的发生与栽培管理措施密切相关,连作时间长、地势低洼、土质黏重、田间积水、植株过密、地下害虫多发时发病严重,不施或少施有机肥、偏施氮肥时发病严重,盛花期发病较重。

3.防治要点

(1)农业防治:与小麦、玉米等禾本科作物轮作换茬,以降低土壤带菌量;低洼地、高温多雨季节,注意排水防涝;增施有机肥,改良土壤,以增强植株的抗病能力;及时移除病株,并用石灰处理病穴。

(2)药剂防治:播种前,用40%多菌灵按5千克/亩进行土壤消毒;发病初期或用多粘类芽孢杆菌可湿性粉剂200克喷施防治,每隔7~10天喷施1次,连续喷施3次。同时加强防治地下害虫。地下害虫咬食根部造成的伤口是根腐病病原菌重要的侵入途径。注意用药安全间隔期,收获前1个月内禁止用药。

四 桔梗立枯病

1.发病症状

桔梗立枯病易发生在出苗展叶期,主要危害幼苗茎基部。发病初期,植株茎基部出现黄褐色水渍状条斑,后逐渐变成暗褐色,后期病斑绕茎扩展1周,病部逐渐凹陷、缢缩,最终导致幼苗萎蔫、倒伏,直至干枯死亡。高温高湿条件下,茎叶呈水渍状,后逐渐转为灰白色至灰褐色,病害扩展迅速,常引起大面积幼苗枯死;病部常出现大量白色蛛丝状气生菌丝,在病残体和土壤上常出现浅褐色至深褐色菌核。

2.发病特点

桔梗立枯病是一种典型的土传病害,其病原菌为丝核菌属(*Rhizoctonia*)立枯丝核菌(*Rhizoctonia solani*)。病原菌以菌丝体和菌核在土壤中越冬,能在土壤中存活2~3年,并通过雨水、带菌有机肥、灌溉水及农具等传播。高温高湿环境有利于立枯病的发生。

3.防治要点

与禾本科作物实行2~3轮作;加强田间管理,雨后及时开沟排水,防止湿气滞留;发现病株及时移除,并用10%石灰水消毒病穴;播种前,用

85%多菌灵按 15 千克/公顷进行土壤消毒;发病初期,用 10 亿活芽孢/克枯草芽孢杆菌可湿性粉剂兑水喷施。也可用 80%代森锰锌或 75%百菌清可湿性粉剂 600 倍液进行喷雾或灌根防治,每隔 7~10 天喷施 1 次,连续喷施 2~3 次。

五 桔梗根结线虫病

1.发病症状

根结线虫病是桔梗生产上的主要障碍因子之一,主要危害根部。被根结线虫寄生后,植株地上部表现出的症状因发病程度轻重而异。受害较轻时,植株地上部分无症状表现;受害较重时,植株地上部分生长缓慢、矮小、叶片黄化,长势衰弱,与缺肥缺水症状较为相近,初期在干旱气候条件下会出现萎蔫,后期因根系腐烂而死亡。

一旦发生根结线虫病,地下部分的侧根和须根会受害严重。植株拔起后,须根和根茎部形成大量大小不一近似圆球形的瘤状根结。发病初期根结呈黄白色,表面光滑不易碎裂;后期变为褐色,瘤状物破裂并腐烂。

2.发病特点

根结线虫病根或卵囊团在土壤中越冬,土壤温度为 25~30 ℃,土壤含水量 40%左右,最适宜虫体发育。一般沙土、沙壤土及连作田块发病较重,7—9 月发病严重。病苗移栽或病土转运是病害远距离传播的主要途径。

3.防治要点

(1)农业防治:根结线虫防治难度较大,与水稻或其他水生作物进行 2-3 年轮作,可减少土壤中根结线虫数量;深翻土地,将虫瘿埋在土壤深层;增施腐熟有机肥,以增强植株抗病能力;桔梗收获后及时彻底清除田间病残体,并集中烧毁处理。

(2)药剂防治:播种前,每公顷施用 0.2%阿维菌素可湿性粉剂 20 千克;病害发生时,用 5 亿孢子/克淡紫拟青霉颗粒剂按 300 克/亩混土处理施用,或用 150 亿孢子/克球孢白僵菌粉剂按 3.5 千克/公顷,拌土沟施。

第四节 药用牡丹病害

牡丹(*Paeonia suffruticosa* Andr.)为毛茛科(Paeoniaceae)芍药属(*Paeonia* L.)牡丹组植物。药用牡丹来源于牡丹(*P. suffruticosa*)单瓣类型和凤丹(*P. ostii*)物种,前者主产于重庆垫江,后者主产于安徽铜陵、南陵、亳州及山东菏泽等地。其根皮被称为丹皮,具有抗炎、抑制血小板凝集、止痛、清热等作用,为传统"四大皖药"之一。近年来,随着牡丹种植面积的不断扩大,牡丹病害的发生及危害也越来越重,给牡丹的生产带来严重的影响。

药用牡丹常见病害有牡丹炭疽病、牡丹黑斑病、牡丹灰霉病、牡丹白绢病、牡丹根腐病、牡丹紫纹羽病、牡丹根结线虫病等。其中,牡丹灰霉病、牡丹炭疽病、牡丹黑斑病等地上部分病害病原主要在病枝残体上越冬,是翌年病害主要的侵染来源,可采用在冬春季彻底清除园内病残体、休眠期施药铲除菌源等综合措施,获得较好的防治效果;而牡丹根腐病、牡丹紫纹羽病、牡丹白绢病、牡丹白纹羽病、牡丹根结线虫病等土传病害,其病原能在土壤中存活多年,随苗木运输、耕作、灌溉、施肥等农事操作传播,防治困难。

一 牡丹炭疽病

1.发病症状

牡丹炭疽病主要危害叶片、叶柄、花梗和嫩枝等部位,尤以幼嫩组织受害最严重。发病初期,叶片上出现红褐色小斑点,后逐渐扩大成圆形或不规则形病斑,颜色逐渐加深,最后变为黑褐色,并带有同心轮纹;后期病斑中部呈灰白色,常开裂、穿孔;潮湿时病斑上的小黑粒会溢出红褐色黏状物。嫩茎、叶柄和花梗受害,初期出现梭形、红褐色病斑,略凹陷,后期病斑中部呈灰褐色,边缘呈红褐色,发病严重时,会出现茎干扭曲、叶片下垂、植株折断。

2.发病特点

牡丹炭疽病的病原菌主要为刺盘孢属胶孢炭疽菌(*Colletotrichum gloeosporioides*)和暹罗炭疽菌(*C. siamense*)等。病原菌以菌丝体或分生孢子盘在病残体上或土壤中越冬,次年环境适宜时产生分生孢子成为当年的初侵染源。分生孢子借助风、雨水、昆虫等传播并侵染寄主。初侵染可形成发病中心并向周边蔓延,扩大病害范围导致再次侵染。一般6月初发病,8—9月为发病高峰期。高温、多雨、多露、株丛郁闭等有利于病害的发生。

3.防治要点

(1)农业防治:选择土壤肥沃、开阔、排水良好的地块种植;合理密植,增强透光、透风条件;移栽时,施足腐熟农家底肥,适当增施磷、钾肥,以促进植株健壮生长,提高抗病力;采用灌水形式(尽量不喷浇),适时排水,避免积水;在秋季彻底清除地面病残落叶,集中深埋或烧毁,以减少越冬菌源。

(2)药剂防治:早春植株萌发前,地面喷洒1次3°~5° Be石硫合剂。植株萌发后,可选用70%代森锰锌可湿性粉剂500倍液、80%代森锌可湿性粉剂500倍液等喷洒。发病初期,可喷施0.5%苦参碱水剂1 000倍液、20%吡噻菌胺悬浮剂1 500倍液、10%苯醚甲环唑水分散粒剂1 000倍液、25%吡唑醚菌酯悬浮剂1 500倍液、70%甲基托布津可湿性粉剂800倍液或65%代森锌500倍液。上述药剂建议轮换使用,每隔10~15天喷施1次,连续喷施2~3次。

二 牡丹叶霉病

1.发病症状

牡丹叶霉病又称红斑病、褐斑病,主要危害叶片,也能侵染叶柄和嫩茎(图1-12)。发病初期,表现为叶片正反面皆出现绿色针状小点,病斑逐渐扩展为近圆形或不规则形病斑,病斑中央淡褐色,边缘紫褐色,后期呈现出明显的同心轮纹,病斑直径 3~30 毫米,潮湿环境条件下,病部出现墨绿色至暗褐色霉状物(分生孢子和分生孢子梗)。

图 1-12　牡丹叶霉病(徐建强　供图)

2.发病特点

引起牡丹叶霉病的病原菌主要为牡丹枝孢霉(*Graphiopsis chlorocephala* Trail)(异名为 *Cladosporium paeoniae* Pass.,国内使用较多)。病原菌以菌丝体在田间病株病叶上越冬,次年春季产生的分生孢子通过伤口和自然孔口侵入寄主造成发病。一般 3 月下旬,牡丹嫩茎和叶柄出现零星病斑,4 月上旬刚抽出的新叶上病斑逐渐扩展相连成片,6 至 7 月发病进入盛期,易感病品种几乎全部发病。土壤偏碱性、黏土上的植株发病重。

3.防治要点

(1)农业防治:选择土壤肥沃、疏松、排水良好的地块种植,宜实行轮作;移栽时,施足腐熟农家底肥,适当增施磷、钾肥,以促进植株健壮生长,提高抗病力;合理密植,及时除草,保证牡丹植株间形成适当通风环境;雨季及时清沟排水,降低土壤湿度;秋冬季节及时清除园内病株和枯枝落叶;发病期间,及时摘除病叶、病蕾、病花,并集中烧毁,可有效减轻病害的传播和危害。

（2）药剂防治：发病前，早春喷施 3~5° Bè 石硫合剂，加强防护；或者喷施 100 毫克/升 苯并噻二唑（benzothiadiazole，BTH）植物诱抗剂，以诱导牡丹对病害产生抗性，BTH 对凤丹抗红斑病的诱导效果达 47.20%；发病初期用 50%多菌灵可湿性粉剂 600 倍液或 25%吡唑醚菌酯乳油 500 倍液喷施，病害流行期用 25%嘧菌酯悬浮剂（50~90 毫升/亩）、25%吡唑醚菌酯乳油 500 倍液或 10%苯醚甲环唑悬浮剂 1 000 倍液等喷施，每隔 7~8 天喷施 1 次，连续喷施 2~3 次。喷药时，应特别注意喷洒叶片背面，喷洒应均匀、周到。

三 牡丹黑斑病

1.发病症状

牡丹黑斑病多在牡丹生长后期发生，且危害严重，主要危害叶片、叶柄和茎秆。发病时，叶片上出现褐色至灰黑色近圆形病斑，病斑直径为 5~10 毫米，可观察到轮纹但不明显，后期病斑中央颜色变浅，为淡褐色或灰白色；发病严重时，病斑会连成一片，遍布整个叶片，造成叶片卷曲，甚至会穿孔，叶片早落，植株枯死；空气湿度大时，在叶片发病部位出现黑色霉层，即病原菌的菌丝和分生孢子（图 1–13）。

图 1–13　牡丹黑斑病（徐建强　供图）

2.发病特点

牡丹黑斑病由链格孢属（*Alternaria*）真菌侵染引起，主要为交链格孢菌(*Alternaria alternata*)。病原菌以菌丝体在病部或随病落叶在土壤中越冬,翌春产生分生孢子进行初侵染,借气流、雨水传播,整个生长季可引起多次再侵染。发病期为5—9月,其中8—9月为发病盛期,长势弱的植株、下位叶、湿气滞留或雨季,易发病。

3.防治要点

(1)农业防治:选择土壤肥沃、地势开阔、排水良好的地块种植;合理密植,及时中耕除草,保证牡丹植株间形成良好的通风环境;移栽时,施足底肥,适当增施磷、钾肥,以促进植株健壮生长,提高抗病力;夏季搭遮阳棚,降低园内温度;雨季及时清沟排水,降低土壤湿度;秋季彻底清除圃地病残体及枯枝落叶,集中深埋或烧毁。

(2)药剂防治:叶部病害常混合发生,对牡丹的叶部病害宜采用药剂复配来达到综合防控的目的。发病前期,可向植株和地面喷洒石灰等量式波尔多液,或3~5° Bé 石硫合剂;发病初期,可使用 22%嘧菌酯·戊唑醇悬浮剂 2 000 倍、30%醚菌·啶酰菌悬浮剂 1 500 倍、32.5%苯甲·嘧菌酯悬浮剂 1 500 倍或 38%噁霜嘧铜菌酯悬浮剂 1 500 倍防治, 上述药剂交替轮换使用。

(四) 牡丹灰霉病

1.发病症状

牡丹灰霉病主要危害幼嫩花果,也可侵染嫩叶和茎秆。叶片感病,初期叶尖或叶缘处产生近圆形至不规则水渍状病斑,后病斑逐渐扩展呈褐色至灰褐色或紫褐色,有时产生轮纹,在潮湿环境下病部形成灰色霉层(分生孢子和分生孢子梗)。叶柄和茎部感病,产生水渍状暗绿色长条病斑,后凹陷、变褐、软腐,造成病部以上折倒。花器受害,一般从花萼开始发病,病斑从花萼顶端扩展至花萼基部,随后侵染花瓣基部与花梗;未脱落完全的感病花瓣黏附在子房基部,成为幼果灰霉病的侵染源。灰霉病发病迅速,花果一旦感病,感病部位很快变褐、软腐(图1-14)。

图1-14　牡丹灰霉病(徐建强　供图)

2.发病特点

牡丹灰霉病的病原菌主要为灰葡萄孢(*Botrytis cinerea*)和牡丹葡萄孢(*Botrytis paeoniae*)。病原菌以菌核、分生孢子及菌丝体随病残体在土壤中越冬,翌年3月下旬温度回升,湿度大时菌核萌发产生分生孢子,并借助气流、雨水及农具等传播扩散。低温高湿多雨条件有利于分生孢子的大量形成、传播,整个生长季可引起多次再侵染。土质黏重、氮肥施用偏多、栽植过密、连续降雨或土壤湿度大、光照不足、生长嫩弱的苗木等易发病。

3.防治要点

(1)农业防治:选择土壤肥沃、质地疏松、排水佳的地块种植,发病严重地块应实行轮作换茬;移栽时,施足底肥,根据土壤肥力,控施氮肥,适当增施磷、钾肥,以促进植株健壮生长,提高抗病力;合理密植,及时除草,保证牡丹植株间形成适当通风环境;雨季及时清沟排水,降低土壤湿度,南方地区可采用避雨栽培方式,能有效降低灰霉病的发生;秋冬季节结合修剪,及时清除残枝落叶及病残体,以减少翌年病害初侵染源。

(2)药剂防治:牡丹展叶初期,应开展叶片保护工作,及时喷洒体积比1:1:100波尔多液,或80%代森锌可湿性粉剂500倍液,或75%百菌清可湿性粉剂800~1 000倍液;当出现症状时,应及时进行叶片治疗防治,喷施0.3%丁子香酚可溶性液剂 90~120 毫升/亩,70%甲基硫菌灵可湿性粉剂 800 倍液,0.100%~0.125%浓度的 25%丙环唑乳油, 或 40%苯醚甲环唑悬浮剂溶液防治。上述喷药应轮换使用,每隔 10~15 天喷施 1 次,连续喷施 2~3 次。

五 牡丹疫病

1.发病症状

牡丹疫病主要发生于茎、叶、嫩梢。茎受害最初出现灰绿色似油浸状斑点,后变为暗褐色至黑色,进而形成数厘米长的长条黑斑。近地面幼茎受害,整个枝条变黑,扩展成大的溃疡,溃疡上部的茎枯萎、死亡。根茎也能被侵染腐烂,引起全株死亡。叶部病斑多发生于下部叶片,初为暗绿色水渍状圆形斑,迅速扩大呈浅褐色至黑褐色不规则大斑,叶片垂萎。该病症状与灰霉病相似,区别是疫病病斑多为黑褐色,略呈皮革状,一般看不到霉层。

2.发病特点

牡丹疫病由恶疫霉菌(*Phytophthora cactorum*)侵染引起,病原菌以卵孢子、厚垣孢子或菌丝体随病残体在土壤中越冬。雨天高湿或排水不畅、通风不良等情况下容易发病。

3.防治要点

(1)农业防治:选择地势高燥、排水良好的地块种植或起垄高畦栽培;实行轮作倒茬,避免连作;移栽时,施足底肥,适当增施磷、钾肥和微量元素液,以促进植株健壮生长,提高抗病力;合理控制种植密度,及时除草,保证牡丹植株间形成适当的通风环境;雨后及时排水,防止茎基部淹水;发现病株应及时拔除,集中烧毁,秋冬季及时清除病残体,以减少次年菌源。

(2)药剂防治:撒施 98%棉隆微粒剂 5~6 千克/亩,耙匀浇水,覆膜 1 周左右后揭膜、翻地、栽植。栽植前,苗木用 50%多菌灵可湿性粉剂 800 倍液或 1%硫酸铜溶液、1%石灰等量式波尔多液等浸泡 10 分钟，捞出，晾干，栽植。发病前期，喷 1%波尔多液、0.1%~0.2%硫酸铜液，以加强保护；发病初期及时喷洒58%甲霜灵·锰锌可湿性粉剂 400 倍液、72%霜脲·锰锌可湿性粉剂 600 倍液、25%甲霜灵可湿性粉剂 200 倍液。

（六）牡丹白绢病

1.发病症状

白绢病主要发生在牡丹幼苗近地面的根茎部。发病初期，病部的皮层变褐色，后逐渐向四周发展，后期皮部组织慢慢凹陷；病斑上产生白色绢丝状菌丝，菌丝体多呈辐射状扩展，蔓延至附近的土表；随病害的发展，病苗的基部表面或土表的菌丝层上形成油菜籽状的菌核。菌核初为乳白色，渐转为米黄色，最终转为茶褐色。植株发病后，茎基部及根部皮层腐烂，水分和养分的输送被阻断，叶片变黄凋萎，全株枯死；枯死根茎仅剩下木质纤维组织，似"乱麻"状，极易从土中拔出(图 1-15)。

图 1-15　牡丹白绢病（徐建强　供图）

2.发病特点

牡丹白绢病的病原菌为齐整小核菌(*Sclerotium rolfsii*)，病原菌一般以成熟菌核在土壤、杂草或病株残体上越冬。菌核在土壤中可存活4~5年，在适宜的环境条件下可萌发产生菌丝，通过伤口等侵入寄主。重茬、地势低洼积水、土壤潮湿、高温多雨、根部创伤、偏酸性土壤发病严重。

3.防治要点

（1）农业防治：种植地应选择地势开阔、排水良好、通风向阳的地块；与禾本科作物实行 3 年以上轮作，注意不宜与红薯、蚕豆等轮播；栽培过程中注意栽培密度，施足基肥，尤以磷、钾肥为主。雨季注意清沟排水，防止田块渍害和土壤水分过大；及时进行土壤中耕除草及清除病变组织残体等，以减少翌年的病害初侵染源。

（2）药剂防治：播种前，苗圃内可撒施 98%棉隆微粒剂 5~6 千克/亩，耙匀浇水，覆膜 1 周左右后揭膜，翻地，栽植；栽植前，苗木用 50%多菌灵可湿性粉剂 800 倍液或 1%硫酸铜溶液、1%石灰等量式波尔多液等浸泡 10 分钟，捞出，晾干；当植物地上部分出现症状后，应用刀将根颈部病斑彻底刮除，并用 50 倍液抗菌剂 40，或用 1%硫酸铜溶液消毒伤口，再外涂波尔多液等保护剂，然后覆盖新土；同时，用 50%多菌灵可湿性粉剂 600 倍液，或 70%甲基硫菌灵可湿性粉剂 800 倍液喷洒周围植株根际和土壤，以防止病情的蔓延。此外，发病前期，可用 2×10^{10} 菌落总数/克木霉菌可湿性粉剂 500 倍液或 2×10^{10} 菌落总数/克枯草芽孢杆菌可湿性粉剂 500 倍液，均匀冲施于根部，施药 2~3 次。

七 牡丹根腐病

1.发病症状

根腐病，俗称烂根病，是牡丹的重要病害之一，主要危害牡丹的根部和根颈部，主根、支根、须根都能被病菌侵染而发病，尤以老根为重。根部感病初期，表皮产生不规则黄褐色病斑，后变成黑色，凹陷，病斑不断扩展可达髓部；感病严重的根部变黑，肉质根散落，仅留根皮成管状（图 1-16）；被害植株地上部分长势衰弱、叶小发黄或泛红，枝条细弱，发芽迟，花蕾变黄萎缩；发病较重者，因根系坏死而无法吸收养分和水分，导致植株萎蔫枯死。

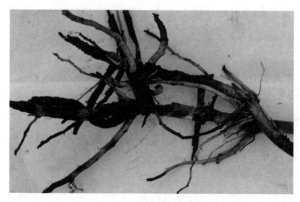

图 1-16　牡丹根腐病

2.发病特点

引起牡丹根腐病的主要病原菌为腐皮镰刀菌（*Fusarium solani*），其他致病菌有镰刀属真菌（*Fusarium* sp.）、丝核菌属（*Rhizoctonia* sp.）和腐霉属（*Pythiumsp* sp.）真菌等。牡丹根腐病往往由几种病菌混合侵染所致，不同地区因生态条件不同，其优势菌种类也不一定相同。镰刀菌属真菌多以厚垣孢子在牡丹病残根上或土壤中或肥料中越冬，病原菌分生孢子借助气流或雨水、灌溉水传播，通过伤口等侵入危害。重茬、碱性土壤、地势低洼、积水或排水不畅、高温多雨、土质黏重、地下害虫（蛴螬、蝼蛄等）严重时发病较重。

3.防治要点

（1）农业防治：选择地势开阔、背风向阳、排水良好、不易积水的沙质土壤栽植；对重病田块提倡实行与水稻轮作，一般轮作 3 年以上；加强田间土、肥、水管理，在牡丹栽植时，每亩施入 1 000~1 500 千克充分发酵腐熟的厩肥等农家肥作为基肥，再配合施入 30~50 千克磷、钾肥等复合肥，并保持适宜的栽培密度，以有利于通风透光；雨季注意清沟排水，防止田块渍害和土壤水分过大，南方地区可采用避雨栽培方式，能有效降低根腐病的发生；做好修剪和田块清洁工作，勤中耕除草，清除枯枝、落叶、杂草等，保持园内干净整洁，通风透光良好；对感病严重的植株，应及时将其挖出、深埋或集中烧毁，并在种植穴内撒石灰消毒，以防病害蔓延。

（2）药剂防治：栽植前，苗木用50%多菌灵可湿性粉剂800倍液、1%硫酸铜溶液或1%石灰等量式波尔多液等浸泡10分钟，捞出，晾干。发病前期，用$2×10^{10}$菌落总数/克木霉菌可湿性粉剂500倍液或$2×10^{10}$菌落总数/克枯草芽孢杆菌可溶性粉剂500倍液，均匀冲施于根部，施药2~3次。对初发病或病情较轻的植株，可刨出根部，彻底切除病灶部分（直至完全露出正常根），用1%硫酸铜溶液消毒，再喷洒50%根腐灵可湿性粉剂800倍液后重新栽植；也可用30%噁霉灵水剂1 000倍液、25%咪鲜胺乳油1 000倍液或50%氯溴异氰尿酸水溶性粉剂1 500倍液等灌根。同时利用球孢白僵菌、金龟子绿僵菌、土蜂、寄蝇等防治地下害虫。

八 牡丹紫纹羽病

1.发病症状

紫纹羽病主要危害牡丹根部及根颈处，以根颈处危害较多见。幼嫩根易受侵染，逐渐扩展至侧根、主根及根颈部。发病初期，在病部出现黄褐色湿腐状，严重时变为深紫色或黑色，病根表层产生一层似棉絮状的紫褐色菌丝体，之后逐步连接成带状或网状；后期病根表层完全腐烂，与木质部分离。在朽根附近可观察到淡红褐色的菌核，呈半球形或椭圆形。受害植株轻者展叶缓慢，叶片发黄或暗红色，枝条细弱，鳞芽瘪小；重者整个根颈和根系发生腐烂，甚至植株死亡。

2.发病特点

牡丹紫纹羽病病原菌为紫卷担子菌（*Helicobasidium purpureum*），病菌以菌索或菌核在土壤中或以菌丝体在病残体中越冬，菌核可存活3~5年。条件适宜时，菌核萌发长出菌丝侵染幼嫩根，后侵染主根或侧根。病原菌可通过根际、雨水、农具、农事活动等传播，苗木调运是远距离传播的主要途径。该病一般发生在6—8月高温多雨季节，9月以后随气温的降低和雨水的减少，病斑停止蔓延。光照较少、有明显积雨的地块发病较重。

3.防治要点

（1）农业防治：选择健康种苗，注意选择排水良好的地块进行种植；实行合理轮作，避免连作，保证休地间隔时间，不能与薯类连作；施用充分腐熟的有机肥并增施钾肥，薄肥勤施，以促进新根生长；视天气情况和长势酌情浇灌，不宜多浇。早春、夏末菌丝体活动期，尽量少浇或不浇水，以减少感染；发现感病植株后，应彻底清除田间病残体并集中烧毁，以减少侵染源，并对病区土壤撒施石灰进行消毒处理。

（2）药剂防治：撒施98%棉隆微粒剂5~6千克/亩，耙匀浇水，覆膜1周左右后揭膜，翻地，栽植；栽植前，苗木用50%多菌灵可湿性粉剂800倍液或1%硫酸铜溶液、1%石灰等量式波尔多液等浸泡10分钟，捞出晾干后移栽。发病初期，用70%甲基托布津1 000倍液、50%多菌灵可湿性粉剂800倍液或45%代森铵1 000倍液进行灌根防治。

九 牡丹根结线虫病

1.发病症状

根结线虫病主要危害牡丹根部。播种当年萌发的苗木被感染，幼根上出现大小不一的瘤状物，黄白色，质地较坚硬，切开后可发现成堆白色有光泽的线虫虫体；病株出现幼根坏死，地上部分生长衰弱，植株矮小，叶片尖缘皱缩、变黄，花少或不开花，甚至整株枯死，严重时成片苗木死亡。2~3年生苗木根部感染根结线虫后，在细根上产生许多直径2~3毫米大小的根结，植株受害严重时，根结连成串；营养根上长出瘤状物，形成根瘤，根瘤上长须根，须根上再长瘤，如此反复多次，使根瘤呈现丛枝状，后期根瘤龟裂、腐烂，根系功能受到严重破坏，根系末端死亡，严重影响牡丹的营养生长和开花结实。

2.发病特点

牡丹根结线虫通常以雌虫和卵在土壤中或病残体上越冬，多分布在0~20厘米的土壤中，特别是3~9厘米土壤中的数量最多。翌年春季土温上升后,越冬卵孵化为二龄幼虫,幼虫侵入药用牡丹营养根,须根局部肿大,形成根结。根结线虫可通过病土、肥料、流水、工具和带病苗木传播。牡丹根结线虫每年重复侵染3次,每年有2个发病高峰期,以5—6月和10月形成的根结最多。

3.防治要点

(1)农业防治:苗木调运应加强检疫,避免病害远距离传播扩散;选择地势开阔、排水良好的地块种植;育苗地实行与大葱、大蒜轮作或间作,每隔2年可栽种一茬大葱或大蒜;结合深耕,在播种前的7—8月,使用机械深翻育苗地,让太阳紫外线杀死线虫的幼虫和卵;在暑季换茬时,采取火烧、水淹等方法铲除幼虫和卵;播种育苗前,施足腐熟的农家肥等有机肥料,化学肥料以磷、钾肥为主,科学均衡施肥,以提高苗木的抗病害能力;采取适当的育苗密度,保持良好的通风环境;对于地势平坦的育苗地,要做好排水工作。

(2)药剂防治:播种前,对种子进行拌种,可用辛硫磷等农药拌种诱杀线虫。幼苗期用阿维菌素等灌根防治,效果可在85%以上;也可用80%二溴氯丙烷2 000倍液等喷洒病区,此药与甲基立枯磷混合喷洒,可同时防治幼苗猝倒病。对育苗地每年至少进行3次人工松土除草,以保持良好的通风透气环境。发病期间,及时清除严重病株,集中烧毁,并对病穴土壤进行消毒处理,可有效减轻病害的发生。

▶ 第五节　芍药病害

芍药(*Paeonia lactiflora* Pall.)为毛茛科(Paeoniaceae)芍药属(*Paeonia* L.)多年生宿根草本植物,以干燥根入药,称为"白芍"。白芍主产于安徽亳州、浙江杭州、四川中江和山东菏泽,主要为栽培品,所产白芍分别习称亳白芍、杭白芍、川白芍和菏泽白芍。目前,安徽亳州芍药种植面积约

1 300公顷,年生产约12 000吨,占全国产量的50%以上。2013年亳白芍获批国家地理标志保护产品。

芍药和牡丹是同属植物,具有相似的生物学特性和生态习性。目前,对牡丹病害的研究相对较深入,而对芍药病害的研究比较少,故对于芍药的病害防治在一定程度上可参考牡丹病害的研究成果。芍药栽培中普遍发生的病害主要有灰霉病、叶霉病、轮斑病、炭疽病、白绢病、根腐病等。

一 芍药灰霉病

1.发病症状

芍药叶、幼茎、花等器官均可受害,一般花后发生严重。叶尖、叶缘产生近圆形或不规则形水渍状病斑,褐色、紫褐色至灰色,不规则轮纹状;潮湿时,叶背具灰色霉层。叶柄和茎部受害,病斑初为水渍状长条形,暗绿色,后变为紫褐色,凹陷,软腐,受害植株常折倒。花期是该病的侵染高峰期,受害花瓣产生水渍状病斑,后变褐色、腐烂,病部覆盖灰色霉层;病花瓣接触花梗、叶片或叶缘有外伤时,病菌能在上面迅速生长,引起植株顶枝枯萎。

2.发病特点

芍药灰霉病病原菌主要有灰葡萄孢(*Botrytis cinerea*)、牡丹葡萄孢(*B. paeoniae*)等。病原菌以菌丝体、菌核和分生孢子在土壤及病组织或粪肥中越冬,翌年产生的分生孢子随气流、风、雨水及灌溉水、田间操作等途径传播或侵染、危害,整个生长季可引起多次再侵染。环境条件适宜时,易造成病害的流行,低温高湿条件下发病严重,一年具有春秋两个发病高峰期,分别为3—4月和9—10月,气温达8~23 ℃、相对湿度在90%以上有利于发病。低温、潮湿、连续阴雨天有利于发病,偏施氮肥、排水不良、光照不足及连作地块可加重灰霉病的发生。

3.防治要点

(1)农业防治:选择生长健壮、无病的母株作分株繁殖材料;可与大豆、玉米作物进行轮作,下种前,深翻土壤,将表层翻入下层,以减轻来年发病;合理密植,加强修剪,改善通风透光,降低田间湿度,能有效减少发病率;加强水肥管理,合理施肥,避免过多施用氮肥,适当增施磷、钾肥,有机肥要充分腐熟;雨后及时排水,降低土壤湿度;加强田园清洁,植物生长期及时剪除发病株枝叶与花朵,秋后剪除并及时清理枯枝、落叶、败花及杂草等。

(2)药剂防治:嫩芽出土时,喷施1:1:150波尔多液保护。发病初期,喷施50%异菌脲可湿性粉剂1 000~1 500倍液、50%多菌灵800~1 000倍液、70%甲基托布津800倍液, 或40%苯醚甲环唑悬浮剂溶液进行防治。上述喷药应轮换使用,每隔10~15天喷施1次,连续喷施2~3次。白芍在采收前60天严禁用药。

二 芍药叶霉病

1.发病症状

芍药叶霉病又称红斑病、褐斑病,是芍药生产中最常见的病害,在国内大部分芍药产区普遍大面积发生。该病危害芍药茎、叶、花和果,尤以叶片危害最严重,常在开花前后发病。发病初期,叶片的正反面出现黄褐色针头状小点;随后病斑扩大,呈近圆形或不规则形,红褐色、栗褐色至黑色;病斑发展不受叶脉限制,可横跨叶脉,扩大成片,若病斑发生在叶片边缘,可使叶片卷曲;后期病斑焦枯,在高温高湿环境下,叶片两面可产生褐绿色霉层。茎受害后,初期出现紫红色的圆形小点,部分凸起,之后病斑缓慢扩展,直至相连成片,呈深红褐色烧焦状。萼片和果实上的病斑近圆形,黑褐色边缘发红,严重时整个角果坏死,变黑。

2.发病特点

引起芍药叶霉病的病原菌主要为牡丹枝孢霉(*Graphiopsis*

chlorocephala),也有文献报道交链格孢(*Alternaria alternata*)和细极链格孢(*Alternaria tenuissima*)也能引起芍药叶霉病,目前对于该病的病原菌仍存在一些争议。病原菌以菌丝体在病残株组织上越冬,翌年春暖,产生分生孢子,借风、雨水、气流传播,侵染新株叶片,病斑常先发生于下部叶片。红霉病发病较早,花期后6月开始大面积发病,8月为发病高峰期。潮湿、浇水过多、栽植过密、通风不良等易引起病害的发生。

3.防治要点

(1)农业防治:选择健壮、无病母株作分株繁殖材料。合理密植,株距30厘米,行距60~100厘米;最好宽窄行交替,即2~3个窄行(30厘米×60厘米)交替1个宽行(30厘米×100厘米)。秋末冬初彻底清除病枝落叶,及时烧毁,以减少侵染源。防治芍药叶霉病时,可在不伤及茎基鳞芽的原则下,割去地上部,将残枝败叶清理干净,深埋销毁。

(2)药剂防治:一般在防病初期摘除病叶后,用药防治。使用的药剂种类较多,如50%多菌灵可湿性粉剂500倍液,75%百菌清可湿性粉剂600倍液,70%甲基硫菌灵可湿性粉剂800倍液、25%吡唑醚菌酯乳油500倍液,40%氟硅唑乳油8 000~10 000倍液、10%苯醚甲环唑悬浮剂1 000倍液等。此外,防治芍药叶霉病可在早春植株萌动前,使用3~5° Bé 石硫合剂喷洒茎部。

三 芍药轮斑病

1.发病症状

芍药轮斑病主要危害叶片,初期叶片上产生圆形至椭圆形的小斑点,深褐色或黑色,逐渐扩大后成为直径1~2厘米的病斑,病斑边缘深褐色、中央灰褐色,具明显的同心轮纹;发病后期,病斑上着生淡黑色霉层;发病严重时,病斑相互连接布满整个叶片,病株叶片枯死。

2.发病特点

芍药轮斑病病原菌为黑座假尾孢(*Pseudocercospora variicola*)。病原菌以子座和分生孢子在病株残体组织上越冬,次年产生分生孢子,借助雨水、气流传播,引起初侵染,此后不断产生新的分生孢子引起多次侵染,扩大危害。一般 5 月上旬开始发病,7—9 月为发病高峰期,高温、降水偏多、种植过密、通风不良时,发病较重。

3.防治要点

(1)农业防治:选择土壤肥沃、质地疏松、透气和排水良好的沙质地块种植;移栽时,施足底肥,根据土壤肥力水平,平衡施肥,避免过多施用氮肥,适当增施磷、钾肥;适当控制栽植密度,雨后及时排水,防止湿度过大,可有效地预防该病的发生;秋冬季彻底清除田间病株残体,集中烧掉或深埋,减少来年侵染源。

(2)药剂防治:发病前期,喷施 3~5° Bé 石硫合剂或 1:1:150 波尔多液保护植株;发病初期,用 2%春雷霉素 1 000 倍液、70%代森锰锌 500 倍液或 50%多菌灵600 倍液,每隔 10~15 天喷施 1 次,连续喷施 2~3 次。

(四)芍药炭疽病

1.发病症状

芍药炭疽病主要危害芍药叶片,茎、芽鳞和花也可受害。被害叶片发病初期病斑呈灰白色,似烧焦状,略下陷,长圆形至圆形,病斑边缘有时呈红褐色;之后病斑逐渐呈不规则形轮纹状,病斑中央浅黄褐色、边缘深褐色,病斑扩展一般不会跨过叶脉,有时会形成穿孔;发病后期,植株叶片布满病斑,病斑上形成黑色小点分生孢子盘,天气潮湿时,黑色小粒上溢出橙红色的黏稠状物。茎部受害病斑多呈条状溃疡,病茎常歪扭、弯曲,严重时会折倒。炭疽病发生严重时,植株会整株枯萎、死亡。

2.发病特点

芍药炭疽病的病原菌主要为胶孢炭疽菌(*Colletotrichum gloeosporioides*),病原菌以菌丝体或分生孢子盘在病残体上或土壤中越冬,次年环境适宜时产生分生孢子成为当年的初侵染源。分生孢子借助风、雨水、昆虫等传播并侵染寄主,整个生长季可引起多次再侵染。6月初至收获期均可发病,其中8—9月高温、多雨,发病严重。在多雨、高温高湿、排水不良、低洼、植株过密、通风不良、施氮过量、植株幼嫩、管理粗放的田地易发病。

3.防治要点

(1)农业防治:搞好田园卫生,病害流行期及时剪除发病组织,防止再次侵染危害;秋冬季彻底清除地面枯枝落叶连同病残体,集中烧毁,减少次年初侵染源。注意植株通风透光。春季多雨,做好排水工作,浇水应从底部渗灌,防止泼浇水流飞溅而传播病菌;施足底肥(腐熟有机肥),增施磷肥,提高植株抗病能力,创造有利于芍药生长的生态环境。

(2)药剂防治:早春植株萌发前,地面喷洒1次3~5° Bè 石硫合剂。植株萌发后,可选用70%代森锰锌可湿性粉剂500倍液、80%代森锌可湿性粉剂500倍液等喷洒。发病初期,喷施0.5%苦参碱水剂1 000倍液、25%吡唑醚菌酯悬浮剂1 500倍液、噁霉灵3 000倍液等药剂。上述药剂建议轮换使用,每隔10~15天喷施1次,连续喷施2~3次。

五 芍药白绢病

1.发病症状

病害主要发生于芍药茎基部,初期表皮层为褐色小斑,水渍状,逐渐向四周扩展,后期病组织腐烂,产生白色绢丝状菌丝体,菌丝可蔓延到茎基部及附近的土壤表面,病部表面或土表的菌丝层上常产生似油菜籽大小的茶褐色菌核。发病严重时,茎基部及根部皮层腐烂,植株的水分和养分输送受阻,叶片变黄、枯萎,直至整株枯死。

2.发病特点

芍药白绢病的病原菌为齐整小核菌(*Sclerotium rolfsii*),病菌以菌丝体和菌核在土壤中或病株残体上越冬,翌年从植株茎基部或根部侵害寄主。一般重茬、地势低洼积水、土壤潮湿、高温多雨、根部创伤等因素导致病害发病严重,病土、病苗、灌溉、根际交错及苗木调运等因素导致病害近距离传染或远距离传播。

3.防治要点

（1）农业防治：选用无病苗木，调运苗木时，严格进行检疫，剔除病苗；选择疏松、易排水的土壤种植，对于雨后低洼地块应及时排水；合理密植，创造通风透光条件；增施有机肥，提高芍药的抗病能力；秋末冬初彻底清除病枝落叶，及时烧毁；注意消毒土壤，或进行轮作，以减少土壤中的病原菌数量。

（2）药剂防治：撒施98%棉隆微粒剂5~6千克/亩，耙匀浇水，覆膜1周左右后揭膜，翻地，栽植；栽植前，苗木用50%多菌灵可湿性粉剂800倍液、1%硫酸铜溶液或1%石灰等量式波尔多液等浸泡10分钟，捞出，晾干；发病初期，用50%多菌灵可湿性粉剂600倍液或70%甲基托布津可湿性粉剂800倍液浇灌苗根部，以防止病害蔓延。

（六）芍药根腐病

1.发病症状

芍药根腐病是芍药根部危害最严重的病害，发病部位在根颈及其以下部位，主根、侧根和须根都能被病菌侵害而发病，尤以老根为重。染病根皮初期呈黄褐色，随后产生不规则黑斑，病斑凹陷，大小不一，后病斑不断扩展，致大部分根变黑，向木质部扩展，直至髓部，重病株肉质根散落，仅留根皮呈管状，严重时造成全部根腐烂；感病植株地上部长势衰弱，叶片发黄，严重时枝条和叶片萎蔫，整个植株地上部枯死。

2.发病特点

目前报道的引起芍药根腐病的病原菌主要为腐皮镰刀菌（*Fusarium solani*）。镰刀菌属真菌多以菌核、厚垣孢子在芍药病残根上或土壤中或肥料中越冬，病原菌分生孢子借助气流或雨水、灌溉水传播，通过伤口等侵入而产生危害。根腐病全年中均可发生，病害发生的环境条件比较复杂，土壤中的害虫对根部的啃食在一定程度上为病原菌入侵提供了有利条件。此外,根结线虫和土壤习居菌较多,也在一定程度上加重了根腐病的发生。连作、地势低洼、排水不畅、高温多雨、土质黏重时,发病较严重。

3.防治要点

(1)农业防治:加强苗木检疫,防治带病种苗远距离传播扩散;选择地势开阔、排水良好、不易积水的沙质壤土地块栽植;对重病田块提倡实行与水稻轮作,一般轮作3年以上;加强田间肥水管理,施足底肥,多用腐熟有机肥,适当增施磷、钾肥,并保持适宜的种植密度,以有利于通风透光;多雨季节要及时疏通排水沟,排除田间积水,降低土壤湿度,以减少根腐病的发生;做好田园清洁工作,及时修剪和中耕除草,清除枯枝、落叶、杂草等,保持园内干净、整洁及通风透光良好;发现病株应及时移除,深埋或集中烧毁,并在种植穴内撒石灰消毒,以防止病害蔓延。

(2)药剂防治:移栽前,参照芍药白绢病防治方法进行土壤处理。栽植前,苗木用50%多菌灵可湿性粉剂800倍液、1%硫酸铜溶液或1%石灰等量式波尔多液等浸泡10分钟,捞出,晾干。发病前期,用2×10^{10}菌落总数/克木霉菌可湿性粉剂500倍液或2×10^{10}菌落总数/克枯草芽孢杆菌可溶性粉剂500倍液,均匀冲施于根部,施药2~3次。发病初期,使用30%噁霉灵水剂1 000倍液,或2 000亿孢子/克枯草芽孢杆菌3000倍液灌根,或使用氰烯菌酯、戊唑醇、苯醚甲环唑、氟硅唑、嘧菌酯和吡唑醚菌酯等稀释一定倍数后,进行根部喷淋。同时,利用球孢白僵菌、金电子绿僵菌、土蜂、寄生蝇等防治地下害虫。

▶ 第六节 石斛病害

霍山石斛(*Dendrobium huoshanense* C.Z.Tang et S.J.Cheng),俗称米斛,为兰科石斛属多年生草本植物,主产于安徽西南部的大别山区霍山县。霍山石斛于2007年9月被认定为国家地理标志产品。

已发现的石斛病害多属于环境主导型,即病原菌的寄生性相对较弱,对寄主的选择性不强,病害发生受环境的影响大。因此,对霍山石斛病害的防控可参考其他石斛品种的病害发生规律。目前,石斛的种植模式主要有温室、简易大棚、露地仿野生栽培。不同种植方式所发生的病害的种类也有一定的差异。黑斑病、炭疽病等叶部病害在几种种植方式中均有发生,软腐病、茎腐病、白绢病、疫病等对湿度要求较高的病害,主要发生在设施条件较好的温室大棚中。

一 石斛黑斑病

1.发病症状

石斛黑斑病,又称叶斑病,主要危害石斛幼嫩叶片,老叶很少受害。发病初期,嫩叶上出现褐色小斑点,斑点周围逐渐变黄,并逐渐扩散成近圆形褐色病斑,边缘呈现出放射状的黄晕,发病严重时褐色病斑在叶片上会互相连成一片,致叶片枯萎、脱落;随着病情的加重,茎秆上会产生圆形或近圆形的紫褐色病斑(图 1-17)。

图 1-17　石斛黑斑病

2.发病特点

黑斑病是在石斛幼苗移植过程中普遍发生的病害之一,是石斛种植过程中的一个重要病害。石斛黑斑病病原菌复杂多样,大多数为真菌所致,其中较常见的为细极链格孢(*Alternaria tenuissima*)、叶点霉

（*Phyllosticta* sp.）、柱盘孢（*Cylindrosporium* sp.）、交链格孢（*Alternaria alternata*）和尖孢枝孢（*Cladosporium oxysporum*）等。通常在高温高湿及通风不畅通的环境条件下，最容易发病。

3.防治要点

（1）农业防治：加强水分管理，尤其是在梅雨季节控制大棚内湿度，经常拉开周围遮阳网，进行通风换气；若有植株发病，应及时清除病残体，集中深埋或烧毁。

（2）药剂防治：在黑斑病发病前期，可用波尔多液、80%代森锰锌可湿性粉剂 500 倍液或 200 亿孢子/克枯草芽孢杆菌可湿性粉剂 600~800 倍液进行预防处理；发病时，用 20%戊唑醇悬浮剂、450 克/升咪鲜胺水乳剂 900~1 350 倍液或其他三唑类农药 2 000 倍液进行喷雾防治，每隔 7~10 天喷药 1 次，连续喷施 2~3 次。

二 石斛炭疽病

1.发病症状

炭疽病是石斛产业化种植中的一个主要病害，幼苗和成株均可感染。炭疽病主要危害石斛叶片，特别是幼小植株的嫩叶，也可危害茎部，导致茎部腐烂及折断。发病初期，叶面上会有深褐色小点出现，而后逐渐变大，形成深褐色近圆形或不规则凹陷的病斑，病斑边缘呈现出清晰的深褐色，中央呈现出浅色，且有小黑点出现（图 1-18）。若病斑发生在叶缘处，会使石斛叶片稍扭曲。当病斑密集时，周围组织变黄色或灰绿色，后脱落或腐烂，严重时可导致整株死亡。

2.发病特点

炭疽病的病原菌在有性阶段为小丛壳菌（*Glomerella cingulata*），无性阶段为胶孢炭疽菌（*Colletotrichum gloeosporides*）。发病适温为 22~28 ℃，相对湿度在 95%以上。病原菌以分生孢子飞散传染，一般通过气孔、伤口或直接穿透表皮侵染。一年四季均可发病，其中 6—9 月为该病的高发期，

图 1-18　石斛炭疽病

可在整个植株上反复侵染发病；遇寒害、药害或肥力不足时，石斛更容易感染炭疽病。

3.防治要点

（1）农业防治：及时调配基质，使 pH 在 5.8~6.6；合理施肥，适量增肥，以提高植株抵抗力；保持大棚或温室通风良好，雨后及时排水；及时清除田间病叶并烧毁。

（2）药剂防治：在夏季高温、高湿季节，应提前预防处理，可采用 6%春雷霉素可湿性粉剂 1 000 倍液，200 亿孢子/克枯草芽孢杆菌可湿性粉剂 600~800 倍液或 25%吡唑醚菌酯悬浮剂 1 000~1 500 倍液，每隔 8~15 天在铁皮石斛的叶片和茎基部喷洒 1 次，连续喷洒 2 次。发病初期，可用 50%甲基硫菌灵可湿性粉剂或 50%多菌灵可湿性粉剂 1 000 倍液，或 20%戊唑醇悬浮剂 2 000 倍液进行喷雾防治。

（三）石斛软腐病

1.发病症状

软腐病主要危害铁皮石斛的嫩芽及新枝，尤其危害新移栽的石斛苗。

幼苗感病后,初期在幼芽心基部会有细黑点出现,导致幼芽停止生长并开始皱缩、下垂;几天后,芽心基部变黑,腐烂,并带有臭味。在大苗上,叶面有脱水样或水渍状斑块。如遇连阴雨天气,该病害的发展会更为迅速,病斑向上延伸,最后导致铁皮石斛整株腐烂,呈湿腐状。

2.发病特点

软腐病是铁皮石斛种植过程中常见的病害之一,致病菌为胡萝卜软腐果胶杆菌胡萝卜亚种(*Pectobacterium carotovorum* subsp. *carotovorum*)和菊花欧氏菌(*E.chrysanthemi*)。纵剖病株茎部,发现其维管束呈现褐色,且有一股恶臭味,这种现象是细菌性病害的一个典型特征。病害一般发生在幼苗移栽初期,主要通过伤口感染,水分过多、湿度过大、空气不流通时,发病最严重。栽培基质通透性差,偏施氮肥或连续高温阴雨条件下易发病。

3.防治要点

(1)农业防治:适当降低大棚内的湿度和温度;雨季禁止植株基质积水或植株带水过夜;减少氮肥的使用量,增施磷、钾肥和生物菌肥,以增强植株抵抗力;发现病株,应立即连其周围基质一起清除。

(2)药剂防治:发现病叶应及时除去,对伤口进行消毒杀菌处理,全株可用 0.1%高锰酸钾溶液浸泡 6~8 分钟,阴干后种植;1 周后,可用 0.5%波尔多液或 20%噻森铜悬浮剂 500 倍液叶面喷雾或灌根 1 次。观察病情,每隔 7~10 天用药 1 次,连续施用 2~3 次。若病情继续蔓延,应再对病苗进行消毒处理。

(四) 石斛茎腐病

1.发病症状

茎腐病一般多发生于老苗。初期植株一根或多根茎开裂、萎蔫、枯萎。随着时间的推移,病斑逐渐向上蔓延,病部附近叶片出现萎蔫、下垂、失绿、变黄等症状,严重的开始脱落(图 1-19)。茎秆基部或中部呈黄褐色腐烂、干枯、缢缩,湿度大时病株茎基部可见白色或粉红色霉状物。

图 1-19　石斛茎腐病

2.发病特点

关于石斛茎腐病的病原菌,报道的种类较多,主要为尖孢镰刀菌(*Fusarium oxysporum*)、腐皮镰刀菌(*F. solani*)和终极腐霉(*Pythium ultimum*)。夏季高温高湿的环境中易发生茎腐病。

3.防治要点

(1)农业防治:加强管理,注意通风透光和降低大棚内温度和湿度;雨季禁止植株基质积水或植株带水过夜;减少氮肥的使用量,增施磷、钾肥和生物菌肥,增强植株抗病力;发现病株,立即连其周围基质一起清除。

(2)药剂防治:发病初期,可用 0.3%四霉素水剂、1%申嗪霉素悬浮剂、0.3%丁子香酚可溶液剂、1%蛇床子素水乳剂或 200 亿孢子/克枯草芽孢杆菌可湿性粉剂 600~800 倍液喷淋植株。观察病情,每隔 7~10 天用药 1次,连续喷施 2~3 次。

（五）石斛白绢病

1.发病症状

白绢病主要危害石斛近地面的茎基部。石斛植株一旦受到白绢病菌的侵染,在其茎基部表面和基质表面会快速呈现出白色网状菌丝,从而引起石斛腐烂、折断,直到叶片黄化脱水、枯黄扭曲或卷曲而死亡,后期病部会有淡黄至褐色菌核出现;当湿度大时,紧贴病部组织上长有绢丝状白色致密的菌丝体,并向根际土壤表面及茎叶等蔓延,后集结成褐色菜籽样菌核。

2.发病特点

石斛白绢病由齐整小核菌(*Sclerotium rolfsii*)侵染引起,病原菌主要以菌核的方式存在,偶尔也会以菌丝、菌索等形态存在于土壤中。次年春季至秋季,当外界生态环境适宜时,白绢病菌菌核便会快速地萌发而产生菌丝体等,并通过雨水、灌溉水及带菌的肥料等传播。石斛上的白绢病是一种非常强的土传性病害,在高温高湿和酸性的土壤条件下非常容易感染、发病。

3.防治要点

(1)农业防治:调整基质酸碱度,用3%的石灰水浇施基质;改善大棚内的通风状况,适当降低大棚内湿度和温度;做好大棚清洁工作,发现病株时,立即拔除,并更换病株周围的基质。

(2)药剂防治:发病前期,可用50%甲基托布津可湿性粉剂800~1 000倍液进行喷雾预防;发病严重时,可用16%井冈·噻呋悬浮剂1 000~2 000倍液、50%多菌灵可湿性粉剂1 000倍液进行喷淋或灌根处理,每隔7~10天喷1次,连续喷2~3次。药液应喷及栽培基质,喷药后应停止喷水5~7天。可选用寡雄腐霉菌、哈茨木霉菌、枯草芽孢杆菌、木霉菌、多黏类芽孢杆菌等生物农药进行防治。

(六) 石斛疫病

1.发病症状

疫病主要以危害当年新移栽的铁皮石斛幼苗。发病初期,石斛茎基部出现水渍状的淡黄色病斑,后扩大为黑褐色腐烂状。若遇阴雨天气,病斑则沿着茎秆向上迅速扩展至叶片,随后叶片逐渐变成黑色或黑褐色,对着光看呈现出半透明状。发病严重时,植株叶片或茎基部似被开水烫过一样,随后叶片呈黑褐色,皱缩、脱落,最终整个植株枯萎、死亡。

2.发病特点

石斛疫病的致病菌主要为棕榈疫霉菌(*Phytoppthora palmivora*)或烟草疫霉菌(*Phytophthora nicotiana*)。疫病具有非常明显的发病感染中心,感病时间主要集中在每年的 4—8 月,如当年遇到长时间的阴雨天气,疫病孢子便会随着水滴的飞溅而传播,传播途径一般经根或茎基部的伤口处侵入。

3.防治要点

(1)农业防治:雨后及时排水、温室湿度控制在 80%左右是防病的关键;及时调配基质,使其 pH 在 5.8~6.6;及时清除病残体;病基质及时处理,不可再循环利用。

(2)药剂防治:在疫病发病前期,可采用 68%精甲·锰锌水分散粒剂、72%霜脲·锰锌可湿性粉剂、80%代森锰锌可湿性粉剂进行预防处理 2~3次。发病后,需将病株隔离销毁,以防传染、蔓延,同时对发病植株用 10%多抗霉素可湿性粉剂 600 倍液、40%三乙膦酸铝可湿性粉剂 250 倍液、25%烯酰吗啉悬浮剂 800 倍液或 40%甲霜铜可湿性粉剂 700 倍液等进行喷雾处理。

(七) 石斛灰霉病

1.发病症状

灰霉病主要侵染石斛的叶片和嫩茎。叶片染病后,病斑初呈浅褐色至黑褐色的小点,后逐渐扩大,有时呈轮纹状,病健交界处常有褐色至深褐色晕圈,病斑呈圆形或椭圆形,淡褐色至黑褐色,中间凹陷;严重时病斑可延伸至叶片边缘。发病后期,叶片常发黄、枯死或脱落。湿度高时,叶片、嫩梢有时会出现大量水渍状湿腐,病斑上产生大量的灰褐色霉层(图1-20)。

图1-20　石斛灰霉病

2.发病特点

石斛灰霉病的病原菌为灰葡萄孢(*Botrytis cinerea*),病原菌侵染石斛叶片,形成大量分生孢子,并借助气流和雨水传播扩散,严重时病情可蔓延至整个大棚。人工栽培条件下,栽培密度较高、环境相对密闭、通风不畅容易诱发灰霉病;低温、高湿环境下,灰霉病易多发、重发。

3.防治要点

(1)农业防治:合理调控栽培环境的温湿度,尤其是在早春、初冬低温、高湿季节;注意加温和通风,防止湿气滞留;及时清除病残枝,集中烧毁或深埋,可减少菌源。

(2)药剂防治:发病初期,采用0.3%丁子香酚、1%蛇床子素或0.5%苦参碱防治,防效率在60%以上,建议3种药剂交替使用。另外,也可使用50%氟啶胺悬浮剂防治。

▶ 第七节　白术病害

白术(*Atractylodes macrocephala* Koidz)为菊科苍术属多年生草本植

物,广泛分布于湖北、浙江、安徽等地,其根状茎为常用大宗药材。

白术具有严重的连作障碍,种植地经过5~10年才能再次种植,其连作后的病害发病率高达80%,会给药农带来巨大的经济损失。白术栽培中经常发生的病害有白术根腐病、白术立枯病、白术白绢病、白术斑枯病、白术叶斑病、白术病毒病等,特别是根部病害常导致减产30%~50%,甚至造成绝收。

一 白术根腐病

1.发病症状

根腐病为维管束系统性病害,致病菌从根部入侵后,沿维管束向全株蔓延。发病初期,地上部分没有明显症状,地下部分根毛和须根呈黄褐色,皮层易剥离;后期,病原菌向主根和根茎蔓延,横切根茎处可看到褐色维管束,须根全部干枯、脱落,根茎外皮皱缩呈黑色干腐状,地上部分尚可出现恢复性萎蔫;当病情进一步恶化时,地上部分出现永久性萎蔫,直至整株干枯、死亡,根茎腐烂,且易从土中拔起(图1-21)。潮湿时,根状茎表面生有白色霉状物。

图1-21 白术根腐病

2.发病特点

白术根腐病的病原菌主要有角担菌(*Ceratobasidium* sp.)和尖孢镰刀菌(*Fusarium oxysporum*)。病原菌以菌丝体在种苗、病残体和土壤中越冬,成为次年的初侵染来源。病原菌主要通过机械损伤、害虫咬食等形成的伤口侵入,也可直接侵入根系,可借助风、雨水、农事操作、地下害虫等途径传播。5月下旬开始发病,6—8月为发病盛期。栽种贮藏过程中,受热可使幼苗抗病力下降,这是病害发生的主要原因。此外,土壤黏重、淹水或施用未腐熟的有机肥亦可造成根系发育不良而致发病;生产中后期遇连续阴雨后转晴,气温升高,发病重;重茬地块、低洼潮湿地块发病重。

3.防治要点

(1)农业防治:忌连作,可选择玉米等禾本科作物轮作,一般间隔3年以上,可阻断或抑制越冬病原菌,可减轻病害的发生;科学施肥,底肥施用充分腐熟的有机肥,建议多用微生物菌肥,少用化肥,尤其需要降低氮肥的用量和次数;合理密植,建议白术种植数量控制在15万株/公顷以内;采收后,及时清理田园,园中病残枝、枯叶等需集中烧毁,可减少越冬菌源基数;发现病株应及时拔除,并对病株周围表土进行消毒处理。

(2)药剂防治:栽种前1个月进行土壤深翻、暴晒,整地时用5亿芽孢/克荧光假单胞杆菌可湿性粉剂15千克/公顷,或50~60千克/亩石灰粉均匀撒施,进行土壤消毒。移栽前,可用100亿菌落总数/克井冈·蜡芽菌可湿性粉剂800倍液,或32%精甲·噁霉灵种子处理剂1 500倍液浸种处理。发病初期,用100亿菌落总数/克井冈·蜡芽菌可湿性粉剂1 000倍液+2亿活孢子/克木霉菌可湿性粉剂800倍液混合灌根,每株约100毫升,每隔7天施用1次,连续施用4次。白术采收前50天严禁用药。

（二）白术立枯病

1.发病症状

立枯病,俗称"烂茎瘟",是白术苗期的重要病害,多于植株幼苗期危害其根茎部。被害植株首先于茎基部出现水渍状的暗褐色病斑,发病初期常可见植株白天萎蔫,夜间恢复正常。当病斑延伸环绕茎部1周后,茎部快速缢缩,呈黑褐色干缩、凹缩,随后植株地上部分萎蔫、倒伏死亡。近地面叶片有时也可受害,受害叶片上产生深褐色水渍状大病斑,并快速腐烂、死亡。在高温、高湿环境中,病部生长出大量的褐色蛛丝状菌丝和大量土粒状深褐色菌核(图1-22)。

2.发病特点

白术立枯病由立枯丝核菌(*Rhizoctonia solani*)侵染引起,病原菌以丝体和菌核在病残体上或土壤中越冬,在土壤中可腐生2~3年。环境条件适宜时,病菌从伤口或表皮直接侵入幼茎、根部而致病,并通过雨水、农具等传播危害。病原菌喜低温、高湿环境,早春播种后如遇持续低温阴雨天气,则出苗期易被侵染。4—6月均可发病,排水不畅、土壤黏重、多年连作或前茬为易感病作物地块发病严重。

图1-22　白术立枯病

3.防治要点

(1)农业防治:选择玉米、小麦等作物实行3年左右轮作,前茬为红薯、马铃薯、豆类的地块不宜种植白术;从无病株上选留发育健壮、不带菌的种子,或留作种用的白术块根应选无伤口、未变色、不带菌,并以饱满健壮、须根多而柔软无直根的为好;栽种不宜过密,施足基肥,避免偏施氮肥,以促进植株生长健壮,提高抗病力;雨后要及时排水,严防土壤渍水;发现病株应及时拔除,在田外集中烧毁,病穴和周围土壤撒生石灰消毒。

(2)药剂防治:深翻土壤,用2亿活孢子/克哈茨木霉菌800倍液全田均匀喷施。栽种前,使用32%精甲·噁霉灵种子处理液剂按300毫升/100千克浸种处理。白术苗期可用60%井冈霉素A可溶粉剂以495~540克/公顷进行全株均匀喷淋防治,发病初期再连续用药2次,防效率可达85%;或用10亿活芽孢/克枯草芽孢杆菌可湿性粉剂稀释液随浇水均匀喷施,每亩用药2千克,整个生育期用药1次,可显著提高出苗率和地上部分的生物量。

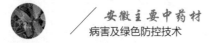

三 白术白绢病

1.发病症状

白绢病主要发生在白术成株期,危害植株根部和茎基部。发病初期,根茎部出现深褐色、水渍状的不规则病斑。随着病情的蔓延,根茎部表皮变褐、腐烂,植株顶端枯萎、下垂,叶片萎蔫但不易脱落;严重时,根茎部变成烂麻状纤维束,无异味,病株易拔起。高温、潮湿环境下,病部产生大量白色绢丝状菌丝体,缠绕近地面叶片并向周围土壤蔓延,并产生大量油菜籽状的茶褐色菌核(图1-23)。

图1-23 白术白绢病

2.发病特点

白术白绢病由齐整小核菌(*Sclerotium rolfsii*)侵染引起,病原菌菌丝和菌核可在土壤、种苗、病残体上越冬,成为次年的初侵染源。雨水飞溅、农事操作不当等是其再度侵染的主要途径。高温高湿、地势较低、积水严重、连作或轮作不当、土壤肥力条件差的地块发病较重。

3.防治要点

(1)农业防治:选择地势高、排水良好的地块种植;与小麦、玉米等禾本科作物轮作,一般期限在3年以上;栽种不宜过密,保持田块通风、透光;施足基肥,多施生物菌肥,如蚕沙发酵肥(含有枯草芽孢杆菌),避免偏施氮肥,以促进植株生长健壮,提高抗病力;采收后应及时清理田园,将田园中残枝枯叶、病残体等带出园区集中烧毁,以减少越冬菌源数;发现病株应及时拔除,并对病株周围表土进行消毒处理。

(2)药剂防治:种植前,深翻土壤,用2亿活孢子/克哈茨木霉菌800

倍液全田均匀喷施,或用生石灰 1 200 千克/公顷全田均匀撒施,晾田 2 周左右,再全田撒施微生物肥料;栽种前,种苗用 50%福美双或 50%多菌灵 1 000 倍液浸种 5~10 分钟,晾干后种植。田间发现病株应及时拔除,在周围表土拌入木霉制剂(10~20 克/株);发病初期,用 6%井冈·嘧苷素水剂按 450 克/公顷,每隔 7~10 天喷 1 次,连续喷雾 3 次,防效率可达 80% 以上;或用 2 亿活孢子/克木霉菌 800 倍液+1 000 亿活芽孢/克枯草芽孢杆菌 1 000 倍液灌根防治。

四 白术斑枯病

1.发病症状

白术斑枯病,俗称"铁叶病",为生产中普遍发生的叶部病害,也可危害茎秆和花苞。叶片发病初期,产生黄绿色的小斑点,斑点不断扩大,呈圆形或不规则形,黄褐色至褐色病斑;后期,病斑中央呈灰白色,其上着生密集黑色小点;发病严重时,病斑汇合布满全叶,叶片呈铁黑色焦枯;随着病情发展,病害由基部叶片逐渐向上蔓延至全株叶片,导致植株逐渐枯死。茎和苞片受害时,产生与叶片相似的褐斑。

2.发病特点

斑枯病的病原菌为子囊菌门壳针孢菌(*Septoria atractylodis*),主要以分生孢子器和菌丝体在病残体及种苗上越冬,成为次年的初侵染源。翌年,分生孢子器释放的分生孢子从气孔侵入,形成初次侵染。种子带菌造成远距离传播,雨水淋溅是近距离传播的主要途径。一般 4 月下旬开始发病,6—9 月进入发病盛期。雨水多、气温骤升骤降时发病重;此外,连作、氮肥过多、土壤贫瘠亦有利于发病。

3.防治要点

(1)农业防治:选择地势高且干燥、排水良好的地块种植;宜与水稻等禾本科作物轮作 3 年以上;合理密植,以保持通风透光;不宜在雨后、露水未干时进行除草等农事操作;收获后,及时清理残株落叶,以减少越冬病原菌的数量。

（2）药剂防治：深翻土壤，撒施 50 千克/公顷生石灰粉，再用 20%丙硫唑悬浮剂或50%瑞毒霉颗粒剂 1~2 千克/公顷处理土壤；5%敌克松颗粒剂（按用种量的0.3%）或 20%丙硫唑悬浮剂（按用种量的 0.5%）拌种处理；发病初期，用50%多菌灵 1 000 倍液或 10%苯醚甲环唑水分散粒剂 1 000 倍液或 10%多抗霉素可湿性粉剂 500 倍液均匀喷雾，每隔 7 天喷 1 次，连喷 3~4 次。

五）白术叶斑病

1.发病症状

白术叶斑病主要危害叶片，茎秆等地上部分也能受害。白术叶斑病症状因病原菌种类的不同而表现各异。据报道，由斑点叶点霉（*Phyllosticta commonsii*）引起的叶斑病，发病初期为褐色斑点，扩大后为不规则的褐色病斑，后期病斑呈灰白色，干枯并伴有穿孔，湿度适宜时，病斑上散生小黑点（图 1-24）。由长柄链格孢菌（*Alternaria longipes*）引起的叶斑病，发病初期在叶缘和叶尖形成黑褐色小斑点，后扩大为近圆形或不规则形，病健交界明显；病斑迅速扩展，使叶片大面积变黑、枯死，严重者扩展至整叶、叶柄甚至茎秆，后期叶片凋零，整株死亡。

图 1-24　白术叶斑病

2.发病特点

已 报 道 的 白 术 叶 斑 病 的 致 病 菌 主 要 为 长 柄 链 格 孢 菌 (*Alternaria longipes*)、细 极 链 格 孢 (*A. tenuissima*)、草 茎 点 霉 (*Phoma herbarum*)、短 小 茎 点 霉 (*Phoma exigua*)和 斑 点 叶 点 霉 (*P. commonsii*)。雨 水、昆 虫 和 不 规 范 的 农 事 操 作 是 该 病 的 重 要 传 播 途 径。发 生 时 间 多 集 中 在 5 月 中 下 旬,温 度 高、湿 度 大 时,该 病 发 展 迅 速。

3.防治要点

(1)农业防治:采收后,及时清除田间腐烂叶片,保证田园整洁;田 间 种 植 密 度 在 13.5 万~15.0 万株/公顷为宜,保证田间通风透光;尽量不要在 有 露 水 的 情 况 下 进 行 田 间 农 事 操 作,防 止 人 为 传 播 病 原 菌;发 现 染 病 叶 片, 应 及 时 清 除。

(2)药剂防治:零星发病时,用 1 000 亿活芽孢/克枯草芽孢杆菌可湿 性 粉 剂 800 倍 稀 释 液 对 叶 片 正 反 面 喷 雾,连 续 3 次,每 次 间 隔 7 天;发 病 期, 可 用 0.3%丁 子 香 酚 可 溶 液 剂 500 倍 液、1% 蛇 床 子 素 水 乳 剂 1 000 倍 液 喷 雾 防 治; 或 者 用 500 克/升 异 菌 脲 悬 浮 剂、50% 咯 菌 腈 可 湿 性 粉 剂、 10% 苯 醚 甲 环 唑 水 分 散 粒 剂 防 治,建 议 3 种 杀 菌 剂 轮 换 使 用。

（六）白术病毒病

1.发病症状

病毒病是系统性病害,可危害全株,是白术栽培中的重要病害。病毒 侵 染 常 引 起 白 术 叶 片 花 叶、退 绿 黄 花、厥 叶、疱 斑、皱 缩、节 间 缩 短、植 株 丛 枝 矮 化 等 症 状,影 响 叶 片 光 合 作 用,导 致 减 产。

2.发病特点

目前已报道可自然侵染白术的病原有黄瓜花叶病毒(*Cucumber mosaic virus*,CMV)、蚕豆萎蔫病毒(*Broad bean wilt virus*,BBWV2)、大豆 花 叶 病 毒 (*Soybean mosaic virus*,SMV) 和 白 术 轻 斑 驳 病 毒 (*Atractylodes mild mottle virus*,AMMV)等。一般 4 月初开始发病,6 月达到发病高峰,暴

发时田间病株率高达95%,同时伴有蚜虫、飞虱等刺吸式口器害虫的暴发。夏季高温时有隐症现象,进入9月还有出现叶片退绿、花叶、卷曲畸形症状。

3.防治要点

(1)农业防治:采用脱毒种苗,可以从源头上有效地控制病毒病的发生;尽量实行轮作或套种,避免连作重茬;加强田间管理,合理增施有机肥,改善排水通风等措施,以促进植株健壮生长;发现病株应及时拔除、销毁,农事操作中要注意工具的消毒处理,以防止交叉感染;田间悬挂黄板诱捕蚜虫或释放七星瓢虫,以控制蚜虫的传播。

(2)药剂防治:发病初期,用高锰酸钾与植物双效助壮素(病毒K)等量混合800~1 000倍液喷雾防治,以控制病害蔓延,使植株恢复生机;也可用6%寡糖链蛋白可湿性粉剂1 000倍液或盐酸吗啉胍600~800倍液全田喷雾防治,每隔7天喷施1次,连续喷3~4次。也可在防治蚜虫时,添加防治病毒病的宁南霉素、菇类蛋白多糖等生物农药。

▶ 第八节 苍术病害

苍术为菊科多年生药用植物,主要分布于我国华北、西北和东北等地区,以苍术[*Atractylodes lancea*(Thunb.)DC.]和北苍术[*A. chinensis*(DC.)Koid Z]干燥的根茎入药。在我国,苍术主产于江苏、浙江、山东、江西、广东、安徽、湖北、四川等地。目前,生产上较常见的病害有苍术根腐病、苍术白绢病、苍术立枯病、苍术软腐病、苍术菌核病及苍术黑斑病等。

一 苍术根腐病

1.发病症状

发病初期,主根及须根病部呈黄褐色、腐烂,随后逐渐转为黑褐色;后期病斑由根部逐渐向上扩展、蔓延至茎部,引起根茎腐烂,表皮层和木质部脱离,仅残留木质部纤维及碎屑,少数在病部可见白色霉状物。病株地上部叶片初期从叶缘处褪绿变黄并逐渐向内扩展,后期叶片失水、卷缩、干枯,发病严重时,全株枯死。

2.发病特点

引起苍术根腐病的病原菌有尖孢镰刀菌(*Fusarium oxysporum*)、腐皮镰刀菌(*F. solani*)和壳球孢菌(*Macrophomina phaseolina*)等。镰刀菌以菌丝体在病残体上及土壤中越冬,成为次年的初侵染源。高温高湿、土壤排水不畅、连作年限长的地块有利于该病害的发生。一般5月中旬开始发病,6—7月为盛发期。

3.防治要点

(1)农业防治:宜选择通风、排水良好,土层深厚富含有机质的地块种植,以半阴半阳的林坡地为佳。生产中选用健壮的抗病品种种苗进行种植。苍术忌与豆科作物连作,可与禾本科植物(如玉米、小麦等)轮作,周期3年以上;苍术地块可套种玉米等禾本科作物,既起遮阴作用,又可预防土传病害的传播。做好田间管理,生长期注意排水,以防田块积水和土壤板结。苍术生长期内及时进行田地清洁,保持田间干净,无杂草;及时清除病株残体,以减少越冬病原菌的数量。

(2)药剂防治:播种前,在土壤表面均匀撒施50%多菌灵可湿性粉剂,进行苗床消毒;种子、种苗用50%多菌灵800倍液浸种或拌种蘸根消毒。发病初期及高峰期来临之前,使用100亿芽孢/克枯草芽孢杆菌粉剂防治;发病期,一年生苍术地块可选用0.3%四霉素水剂或62.5克/升精甲·咯菌腈悬浮剂交替使用;二年生苍术地块可选用240克/升噻呋酰胺悬浮剂或70%甲硫·福美双粉剂交替使用。

(二) 苍术白绢病

1.发病症状

苍术白绢病主要危害根及茎基部。发病初期,地上部分植株无明显症

状,后期叶片萎蔫、枯死,但并不脱落,地上部呈现出类似软腐病症状。根或茎基部感病部位初期呈褐色,水渍状腐烂;后期病部仅残留网状维管束纤维组织,可见白色菌丝体,植株易拔起。湿度大时,根茎内白色菌丝穿出土层,伸展至植株茎基部及周围土壤表面,形成米黄色至茶褐色似油菜籽状的菌核。

2.发病特点

苍术白绢病的病原菌为齐整小核菌(*Sclerotium rolfsii* Sacc.)。病原菌主要以菌核在土壤中越冬,可存活5~6年。越冬菌核在环境适宜条件下,萌发生成菌丝体,侵染苍术根茎及茎基部。病株上,菌丝产生大量的菌核,随雨露、灌溉水等在田间传播,形成再侵染菌源,菌丝也可借助土壤缝隙或从地表层3厘米左右蔓延侵染临近植株。病害一般在4月下旬始发病,6—8月为发病高峰期。高温、高湿条件下发病迅速,发病中心5~6天可向周围扩展0.5厘米。

3.防治要点

(1)农业防治:宜选择通风、排水良好、土层深厚且富含有机质的地块来种植,以半阴半阳的林坡地为佳;与禾本科植物(如玉米、小麦等)轮作,周期3年以上,不宜在易感白绢病的茄科、豆科及瓜类等作物地块种植;合理密植,以增强通风透光性;雨后注意排水,防止田块积水和土壤板结;施足底肥,使用充分腐熟的肥料,适当增施磷、钾肥,少施氮肥,以避免徒长;发现病株应立即拔除,带出种植田销毁,用1%石灰水浇灌病穴进行消毒。

(2)药剂防治:种植前,深翻土壤,用2亿活孢子/克哈茨木霉菌800倍液全田均匀喷施,或用生石灰1 200千克/公顷全田均匀撒施,晾田2周左右;栽种前,种子、种苗用50%多菌灵浸种或拌种蘸根处理进行消毒;在育苗阶段和病害发生初期,施用哈茨木霉生防菌进行土壤防病,或选用10%三唑酮可湿性粉剂或70%森锰锌可湿性粉剂兑水,进行喷雾防治。

三 苍术立枯病

1.发病症状

立枯病主要发生在苍术育苗期,危害茎基部。初期感病时,茎基出现水渍状椭圆形的黄褐色病斑,后呈黑褐色;随着病情的发展,病斑逐渐扩展绕茎 1 周,使植株长势减弱,萎蔫,倒伏直至干枯死亡,坏死部位干枯,缢缩成丝状。

2.发病特点

苍术立枯病由立枯丝核菌(*Rhizoctonia solani*)侵染引起,病原菌以菌丝体和菌核在病残体上或土壤中越冬,在土壤中可腐生 2~3 年。环境条件适宜时,病菌从伤口或表皮直接侵入幼茎、根部引起发病,并通过雨水、农具等传播危害。病原菌喜低温、高湿环境,早春播种后如遇持续低温阴雨天气,出苗期易被侵染。4—6 月均可发病,排水不畅、土壤黏重、多年连作或前茬为易感病作物地块发病严重。

3.防治要点

(1)农业防治:选择丘陵山区、半阴半阳的山坡或荒山上,忌高温强光;选择与玉米、小麦等禾本科作物轮作;选用无病健壮种苗种植;栽种不宜过密,施足基肥,避免偏施氮肥,以促进植株生长健壮,提高抗病力;雨后要及时排水,严防田块积水、土壤板结;发现病株应及时拔除,在田外集中烧毁,病穴和周围土壤撒生石灰消毒。

(2)药剂防治:深翻土壤,播种前在土壤表面均匀撒施 50%多菌灵可湿性粉剂,进行苗床消毒;栽种前用 50%多菌灵 800 倍液浸渍苍术苗 3~5 分钟,晾干后栽种。苗期可用 60%井冈霉素 A 可溶性粉剂以 495~540 克/公顷进行全株均匀喷淋防治,发病初期再连续用药 2 次;或用 10 亿活芽孢/克枯草芽孢杆菌可湿性粉剂稀释液随浇水均匀喷施,每亩用药 2 千克,整个生育期用药 1 次,可显著提高苗率和地上部分生物量。

四 苍术软腐病

1.发病症状

感病植株根茎腐烂,呈糊糊状或豆腐渣状,有酸臭异味。发病初期,植株须根变褐、腐烂,地上部分无明显症状。随着病情的发展,扩展至主根,并向地上部分茎秆蔓延,维管束呈褐色,易被拔起。被破坏的维管束丧失输水功能,叶片呈水渍状萎蔫,直至枯死。

2.发病特点

软腐病是目前报道的苍术病害中唯一的细菌性病害,在整个病害发生过程中无菌丝产生,可明显区别于真菌性病害。苍术软腐病由胡萝卜软腐果胶杆菌胡萝卜亚种 (*Pectobacterium carotovorum* subsp. *carotovorum*)引起。病原菌可以在土壤中和病残体上越冬,经伤口或自然孔口侵入,借助灌溉水、雨水的飞溅或昆虫传播蔓延。一般5月下旬开始发病,至10月中旬降雨量减少,病害减轻。生长季节雨水多、平均气温27℃左右、相对湿度大于90%时,发病较严重。

3.防治要点

(1)农业防治:选择丘陵山区、半阴半阳的山坡或荒山上,忌高温强光;选用无病健壮的种苗或根茎种植,并与禾本科作物(小麦、玉米等)轮作3年以上;加强田间管理,注意通风透光和降低田间湿度;科学施肥,施足底肥,选用腐熟的农家肥,适当增施磷、钾肥和生物菌肥,以增强植株抗病力;及时拔除病株,并用1%石灰水对病区进行消毒处理,以防止病害蔓延。

(2)药剂防治:种植前深翻土壤,用生石灰1 200千克/公顷全田均匀撒施;移栽时,种子、种苗用50%多菌灵浸种或拌种、蘸根处理;发病初期,使用生防菌剂"宁盾"75升/公顷处理,对苍术软腐病有很好的防治效果;也可选用25%阿米西达悬乳剂1 000~1 500倍液、10%苯醚甲环唑水分散剂1 200~1 500倍液或70%的代森锰锌可湿性粉剂400~500倍液在畦面喷雾防治。

五 苍术菌核病

1.发病症状

苍术菌核病主要危害根及茎基部,也可危害茎基部。发病初期,根部和茎基部出现褐色至黑褐色腐烂,病健交界不明显,皮层腐烂,易露出里层纤维组织,受害植株地上部分底层叶片先开始变黄、枯萎,逐渐向上蔓延,湿度大时病株根茎及附近土表出现白色棉絮状菌丝,后期形成卵圆形或不规则形、直径 0.8~6.9 毫米的黑色菌核,严重时甚至全株枯死。

2.发病特点

苍术菌核病的病原菌为雪腐核盘菌(*Sclerotinia nivalis*),初春土壤温度低,大部分病原菌的生长受到限制,为菌核病的病原菌提供了良好的生存空间。研究表明,苍术菌核病菌在病残体上越冬,初侵染源主要是其菌核萌发产生的菌丝或者是土壤及种苗携带的菌核。

3.防治要点

(1)农业防治:选用无病健壮的种苗或根茎种植;与禾本科作物(小麦、玉米等)轮作 3 年以上,苍术地块可套种玉米等禾本科作物,以起到遮阴作用;雨后要及时排水,严防渍害和土壤板结;使用腐熟的肥料,适当增施磷、钾肥,少用氮肥,以避免徒长;冬季清园,病枝枯叶集中烧毁,以减少越冬病原菌数量。

(2)药剂防治:发病初期,可使用 100 亿芽孢/克枯草芽孢杆菌粉剂进行生物防治。化学防治,一年生苍术地块,可选用 0.3%四霉素水剂或 62.5克/升精甲·咯菌腈悬浮剂交替使用;二年生苍术地块,可选用 240 克/升噻呋酰胺悬浮剂或 70%甲硫·福美双粉剂交替使用。

六 苍术黑斑病

1.发病症状

苍术黑斑病主要危害植株叶片,少数危害叶柄和茎部。苗期发病,尤

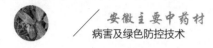
其是种子繁育的幼苗感病,常会导致死苗。发病初期,叶尖或叶缘形成圆形或椭圆形病斑,病斑两面生有黑色霉层;由茎基部叶片开始发病,逐渐向上扩展、蔓延;后期病斑融合连片,呈灰褐色,叶片枯死,脱落。

2.发病特点

苍术黑斑病主要由链格孢属(*Altenaria* sp.)真菌侵染引起。病原菌以菌丝体或分生孢子形态在苍术病残体上越冬,次年条件适宜时,产生分生孢子,借助风、雨水或昆虫传播,侵染并危害苍术叶片。病菌在叶片形成病斑后,可继续产生分生孢子,造成再侵染。一般5月中旬开始发病,7—8月病害达高峰。阳光直射或积水低洼的情况下,发病严重。

3.防治要点

(1)农业防治:选用无病健壮的种苗或根茎种植;苍术地块可套种玉米等禾本科作物,以起到遮阴作用;做好清沟沥水,雨后要及时排水,降低田间湿度;使用充分腐熟的肥料,适当增施磷、钾肥和微量元素液,少用氮肥,以避免徒长;冬季清园,病枝病叶带出田块集中烧毁,以减少越冬病原菌数量。

(2)药剂防治:发病初期,使用生防菌剂"宁盾"75升/公顷处理,可有效防治苍术黑斑病。此外,可选用500克/升的异菌脲悬浮剂1 000倍液、70%丙森锌可湿性粉剂500倍液、10%苯醚甲环唑水分散粒剂或30%苯醚甲·丙环乳油防治,每隔7天喷施1次,连续喷3次。上述药剂交替轮换使用。

▶ 第九节　药用菊花病害

药用菊花(*Chrysanthemum morifolium* Ramat.)为菊科多年生宿根植物,以干燥的头状花序入药,主产于浙江、安徽、河南等地。按产地和加工方法不同,菊花主要分为亳菊、滁菊、贡菊、杭菊、怀菊、祁菊等。目前,我国药用菊主要有两个产区,长江以南产区的杭菊、贡菊是以茶饮为主,而长江以北产区的滁菊、亳菊、济菊、祁菊、怀菊均以药用为主。随着菊花大面积集约化地栽培,其病害发生逐年加重,已严重威胁到菊花产业的可持续发展。药用菊花常见的病害有菊花斑枯病、菊花黑斑病、菊花霜霉病、菊花枯萎病、菊花白绢病、菊花锈病、菊花花腐病、菊花根腐病、菊花病毒病等。其中,菊花枯萎病是最主要的病害,其次为菊花根腐病,叶部病害以黑斑病最严重。

一 菊花斑枯病

1.发病症状

菊花斑枯病,也称褐斑病、叶斑病,主要危害叶片。病斑初期呈圆形或椭圆,黄色至褐色,边缘明显;后期病斑中心转灰褐色至棕黑色,有时有轮纹;发病严重时,病斑融合,导致叶片变黑、焦枯。植株下部叶片最先发病,逐渐向上蔓延,致全株枯死。病害也能危害叶脉或叶柄,产生黑色小点或梭形病斑。

2.发病特点

菊花斑枯病由病原菌菊壳针孢菌(*Septoria chrysanthemella*)引起,病原菌以菌丝体和分生孢子器在病残体或病株上越冬,翌年侵染叶片形成初侵染。该病从苗期到采收均可发生,地势低洼、连作、密植、偏施氮肥有利于发病,高温高湿及植株现蕾期发病更重。

3.防治要点

(1)农业防治:从无病植株取插条或分根繁殖,合理进行轮作;控制种植密度,改善通风透光条件,雨后及时排水,降低田间湿度,避免偏施氮肥,促进植株健壮生长;生长季摘除病叶、老叶,收获后割去病株地上部分,清除病残体,集中烧毁或深埋。

(2)药剂防治:发病初期,用25%苯醚甲环唑乳油6 000倍液+40%氟硅唑乳油8 000倍液或25%吡唑醚菌酯乳油1 000倍液喷施, 连续防治

2~3 次,每隔 7~10 天 1 次。花期前 1 个月停药。

二 菊花黑斑病

1.发病症状

黑斑病主要危害叶片,初期在叶尖、叶缘处出现近圆形或不规则形淡褐色病斑,后变为灰褐色至深橄榄色,外围有时具浅黄色晕圈,病部与健部界限明显。一般从植株中下部老叶开始发病,逐渐向上蔓延,发病严重时,病斑相互连接成片,叶片变黑、枯死,枯死叶片不脱落,湿度高时病部出现黑色霉状物。

2.发病特点

菊花黑斑病由链格孢菌(*Alternaria* sp.)单独或复合侵染引起。据报道,能引起菊花病害的有交链格孢菌(*A. alternata*)、百日菊链格孢(*A. zinniae*)、细极链格孢(*A. tenuissima*)、万寿菊链格孢(*A. tagetica*)、菊链格孢(*A. chrysanthemi*)等。病原菌主要以菌丝体和分生孢子在病残体上越冬,以分生孢子进行初侵染和再侵染,借气流及雨水溅射传播、蔓延,分生孢子主要从气孔侵入。菊花黑斑病在菊花整个生长期均可发生,在适温、高湿环境中发病更严重,每年 7—8 月是黑斑病发病的高峰期。种植密度高、田块积水、植株生长不良或偏施氮肥长势过旺等情况易引起大面积发病。

3.防治要点

(1)农业防治:秋季收获后,收集病残体,集中深埋或烧毁,减少越冬菌源;选用无病苗,从无病植株取插条或分根繁殖幼苗;实行轮作倒茬;加强田间管理,合理密植,确保田块通风透光,雨后及时排水,降低田间湿度;生长期间多施有机肥,控制氮肥的使用,以促进植物生长健壮,提高抗病力。

(2)药剂防治:发病初期及时喷药预防,可用 50%异菌脲可湿性粉剂 1 000~1 500倍液,或 25%嘧菌酯悬浮剂 1 000~1 500 倍液,或 15%咪鲜胺锰盐可湿性粉剂 1 000~1 500 倍液,或 20%吡唑醚菌酯乳油 1 000~1 500 倍液喷雾防治。每隔 7~10 天喷 1 次,连续 2~3 次,上述药剂最好交替使用,以免产生抗药性。花期前 1 个月停药。

三 菊花霜霉病

1.发病症状

主要危害叶片、叶柄及嫩茎、花梗和花蕾。受害叶片出现水渍状界限不清的块斑,后随着病害的发展,叶片逐渐褪绿,变为黄褐色,最后干枯而死,枯叶皱缩、卷曲,叶背布满白色霉状物。秋季发病,叶片、嫩茎、花蕾上均布满白色菌丝,植株逐渐萎蔫,最后全株枯死。

2.发病特点

菊花霜霉病由霜霉属(*Peronospora*)丹麦霜霉菌(*P. danica*)侵染引起。菊花霜霉病的病原菌以菌丝体在留种母株上越冬,分株繁殖产生带病的幼苗,后形成孢子囊引起新的侵染。低温(15~22 ℃)、高湿环境有利于病害的发生,春秋季多雨或昼夜温差大、雾露重时,最易发病。多发生在4—5 月和 8—10 月的苗期,春季发病致幼苗弱或枯死,秋季染病致整株枯死。

3.防治要点

(1)农业防治:选用无病健壮种苗,实行轮作;加强田间管理,合理密植,加强通风透光,雨后及时排水,以防止积水及湿气滞留;及时打掉病叶或拔掉病株,深埋或烧毁病残体;收获后清除田间病残体,以减少侵染源。

(2)药剂防治:春秋两季,可用 0.2%的小苏打液或用高锰酸钾 800~1 000 倍液,于雨前和雨后分别喷雾 1 次预防,防效明显。发病初期,可选用2 亿活孢子/克木霉菌可湿性粉剂、40%三乙膦酸铝 300~400 倍液或72%霜脲·锰锌可湿性粉剂 1 000 倍液或 70%丙森锌可湿性粉剂 650 倍液或50%烯酰吗啉可湿性粉剂 1 500 倍液于叶面上喷雾。上述药剂最好交

替使用,以免产生抗药性。每隔 10 天防治 1 次,连续防治 2~3 次。花期前
1 个月停药。

四 菊花枯萎病

1.发病症状

菊花枯萎病是菊花栽培上最常见的土传真菌性病害之一,主要危害
根茎部。发病植株矮小,叶片自下而上逐渐发黄、枯萎,呈波纹状等;同一
植株中也有黄化枯萎叶片出现于茎的一侧,而另一侧的叶片仍正常。茎
基部微肿,呈浅褐色,表皮粗糙,间有裂缝,湿度大时可见白色霉状物,横
切或纵切茎基部可见维管束变褐坏死,有时可见髓部中空,向上扩展致
上部枝条的维管束也逐渐变成淡褐色,向下扩展致根部外皮坏死或变黑
腐烂,根毛脱落,最终植株因水分和营养物质转运受阻而死亡。

2.发病特点

菊花枯萎病主要由尖孢镰刀菌菊花专化型(*Fusarium oxysporum* f.sp.
chrysanthemi)单株侵染或同其他镰刀菌复合侵染引起。该病在菊花全生
育期均可发生,病原菌以菌丝体或厚垣孢子在土壤、基质或病残体上越
冬;通过幼根、茎基部或扦插苗的伤口侵染危害。地块常年连作、夏季高
温、雨后排水不良、植株长势差、伤口多、种植过密等都有利于病害的
发生。

3.防治要点

(1)农业防治:选用抗病品种;合理轮作倒茬,如与水稻、玉米、小麦等
作物轮换种植;合理密植,加强田间管理,尽量避免田间过湿或雨后积
水;增施微生物有机肥,以促进植株健壮生长;发现病株应及时带土移
除,并用石灰粉处理病穴;收获后清除田间病残体,以减少侵染源。

(2)药剂防治:用 40%甲霜·锰锌 20 克+15%三唑酮 10 克+50%辛硫磷
15 克+30%乙蒜素 15~20 克,与 100 千克细土拌匀。定植时,先在定植穴
内放药土 50~100 克,然后栽种。种好后,在每株基部再撒药土 25~50 克。

发病季节,可用高锰酸钾 800~1 000 倍液浇蔸,10 天浇 1 次,连续浇2~3
次。另可选用 50%异菌脲悬浮剂 800~1 000 倍液、60%乙霉·多菌灵可湿
性粉剂 800~1 000 倍液或 15%咪鲜胺微乳剂 1 000~1 500 倍液防治。
花期前 1 个月停药。

（五）菊花白绢病

1.发病症状

白绢病对菊花的危害较大,可在植株生长发育的任何时期发生。在苗
期发病,可致整株菊花枯死,茎上密布菌丝,叶片上可见白色至褐色菌
核。在成株期发病,主要危害根茎基部及茎部,患病后会导致根腐、茎基
腐等症状。发病初期,茎基部产生水渍状、褐色、不规则病斑,潮湿时出现
白色菌丝;下部叶片由正常的深绿色变为淡绿色。后期茎基部及地下部分
表面逐渐形成白色至褐色的菜籽状菌核,茎秆易折断,植株逐渐整株枯死。

2.发病特点

该病由齐整小菌核(*Sclerotium rolfsii*)侵染引起。病原菌以菌核或菌
丝在土壤中或病残体上越冬,形成初侵染源。该病在植株的全生育期均
可发病,以 6 月中下旬梅雨季和 8—9 月台风季为发病高峰期。病株产生
的绢丝状菌丝通过延伸、接触邻近植株传播,菌核借风、雨水、土壤耕作
或蚜虫等小昆虫活动传播蔓延。地块常年连作、土质黏重、地势低洼及高
温、高湿的条件下发病严重。

3.防治要点

(1)农业防治:选用无病健壮种苗,实行轮作;使用充分腐熟的有机
肥,增施磷、钾肥,提高植株抗病力;严禁大水漫灌,雨后及时排水,防止
田间湿度过大;生长期发现病株应及时拔除,并向病穴中撒石灰粉消毒;
收获后清除田间病残体,以减少侵染源。

(2)药剂防治:夏季高温雨季前,施 96%硫酸铜结晶 45 千克/公顷后
再浇水。发病初期,用 800~1 200 倍 25%三唑酮可湿性粉剂药土、哈茨木

霉0.4~0.45千克加50千克细土撒于病株茎基部防治；另可选50%异菌脲悬浮剂800~1 000倍液或50%腐霉利可湿性粉剂1 000~1 500倍液或60%乙霉·多菌灵可湿性粉剂800~1 000倍液，浇灌苗根部，每隔7~10天防治1次，连续防治2~3次，上述药剂最好交替使用，以免产生抗药性。花期前一个月停药。

六　菊花锈病

1.发病症状

菊花锈病主要危害菊花的叶和茎，以叶受害为主，且嫩叶较老叶易感病。发病初期，在叶背形成淡黄色或灰白色小点，后变为褐色的粉疱状突起；发病后期，叶片、叶柄和茎上长出深褐色或黑褐色椭圆形肿斑，致叶子枯黄，严重时导致整株枯死。

2.发病特点

该病主要由2种柄锈菌属（*Puccinia*）真菌引起。这2种菌为堀氏柄锈菌（*P. horiana*）和菊柄锈菌（*P. chrysanthemi*），其病原菌冬孢子可以在母株、干燥堆肥及土壤中病残体上越冬，形成翌年该病的初侵染源。通风透光条件差、土壤缺肥或氮肥过量、适温高湿都有利于病害的发生。

3.防治要点

（1）农业防治：选用无病苗，实行轮作；控制土壤含水量，合理密植，避免过多施用氮肥，增施磷、钾肥，以提高植株抗病力；发病时及时摘除病叶，冬季清除病残组织，以减少越冬菌源。

（2）药剂防治：发病初期，用150~200倍波尔多液喷雾防治。另可选用10%多抗霉素1 000倍、4%嘧啶核苷类抗生素（农抗120）400倍、15%三唑酮可湿性粉剂1 000倍液、40%氟硅唑乳油2 000倍液、10%苯醚甲环唑水分散粒剂2 000倍液等药剂交替喷雾防治。每隔7~10天喷1次，连续喷3~4次。采收前1个月停药。

七 菊花花腐病

1.发病症状

菊花花腐病,又称菊花疫病、花枯病,主要侵染花冠和花梗,也可侵染叶片和茎部。花冠顶端首先受侵染,受侵花瓣从白色或微黄色变为浅褐色,最后腐烂,随后病斑向下扩展至花梗,花梗变黑、软化,导致花朵下垂;花蕾受侵染时,变黑败育,造成畸形花;叶片受侵染时,产生不规则黑色病斑,病斑直径为2~3厘米;茎部受害一般产生带状黑色病斑,多从节部开始。少数情况下,侵染菊花根部,受害植株仅表现为生长点畸形,而无其他明显症状。病斑后期密生小黑点,为病原菌的子囊壳。

2.发病特点

菊花花腐病的病原菌的有性世代为菊花拟多隔孢菌(*Stagonosporopsis chrysanthemi*),无性世代为菊花壳二孢(*Ascohyta chrysanthmi*),是一种检疫性病害。病原菌以子囊壳在病残茎上越冬,翌年孢子通过气流、水滴、昆虫传播,在9~27 ℃均可侵染。多雨、高湿有利于发病。

3.防治要点

(1)农业防治:选用无病健壮种苗,与小麦、水稻等作物实行轮作;起高垄并及时排水,防止土壤湿度过大;合理密植,以保证透气通风;移栽前,用有机肥作为基肥,后期合理配施氮、磷、钾肥和微生物菌肥,以提高植株抗病力;收获后,及时清除田间病残体进行集中处理,以减少越冬病原菌数量。

(2)药剂防治:发病初期,用50%异菌脲悬浮剂800~1 000倍液或60%乙霉·多菌灵可湿性粉剂800~1 000倍液或15%咪鲜胺微乳剂1 000~1 500倍液,每隔7~10天喷雾1次,连续喷2~3次。上述药剂最好交替使用,以免产生抗药性。

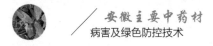

八 菊花根腐病

1.发病症状

根腐病是菊花种植中出现的重要土传病害之一,在我国药用菊花种植产地均有发现。菊花根腐病主要危害根部和茎基部,被害植株根系不发达,皮层腐烂脱落,木质部完全变为黑色、呈纤维状,新根腐烂褐化;地上茎基部腐烂,表皮层易脱落,木质部黑褐色,叶片枯黄萎蔫,严重时整株枯死,植株极易拔出。

2.发病特点

菊花根腐病主要由腐皮镰刀菌(*Fusarium solani*)侵染引起。病原菌在土壤和病残体中越冬,成为次年的初侵染源,种植带病秧苗可直接发病。分生孢子和厚垣孢子可随母株、肥料、土壤、流水、耕作等进行传播。降雨量多、低洼潮湿、肥力较差的地块有利于病菌的繁殖和传播;地下害虫及根结线虫等造成的伤口更有利于病菌的侵染,会加剧根腐病的发生。

3.防治要点

(1)农业防治:选用无病健壮种苗,与小麦、水稻等作物轮作;加强田管,移栽前起高垄,雨天及时排水,以防止土壤湿度过大而影响根系的生长;合理密植,以保证透气通风;种植前,用有机肥作为基肥,后期根据土壤肥力及菊花生长状态,合理配施氮、磷、钾肥和微生物菌肥,以提高植株抗病力;生长期发现病株应及时拔除,并向病穴中撒石灰粉消毒;收获后,及时清除田间病残体,并进行集中销毁处理,以减少越冬病原菌数量。

(2)药剂防治:采用分株苗进行栽培前,要进行消毒处理,可用丙环唑、苯醚甲环唑、氟硅唑等进行浸根处理。发病期间,用 400 克/升氟硅唑微乳剂 10 000 倍液、250 克/升丙环唑乳油剂 1 000 倍液、10%苯醚甲环唑 1 000 倍液或 80%乙蒜素乳油剂 6 000 倍液,每株灌 0.4~0.5 升,视病情每隔 7 天左右喷 1 次,连续喷 3~4 次。上述药剂最好交替使用,以免产生抗药性。

九　菊花病毒病

1.发病症状

菊花病毒病是系统性病害,危害全株,是菊花栽培的重要病害。菊花病毒病的症状表现多样,常见症状有叶片花叶、斑驳、明脉、皱缩、坏死,花器改色、畸形或不开花,植株丛枝矮化等。菊花 B 病毒病常见症状有植株矮小、幼嫩叶片不规则失绿、变小、卷曲畸形,严重时叶片会有坏死斑产生。番茄不孕病毒病主要引起植株矮化、叶片扭曲畸形,同时嫩茎折断后伴有维管束红褐色至棕褐色损伤,以及花畸形、花朵较小。烟草花叶病毒病主要症状为幼嫩叶片侧脉及支脉组织呈半透明状,叶脉两侧叶肉组织渐呈淡绿色。生产上常出现多种病毒复合侵染的现象。

2.发病特点

据报道,侵染菊花的病毒和类病毒达 20 多种,一般为两种或两种以上复合侵染,造成菊花种性退化、品质和产量下降。侵染菊花的病毒主要有 5 种,分别为菊花 B 病毒(*Chrysanthemum virus B*,CVB)、番茄不孕病毒(*Tomato aspermy virus*,TAV)、黄瓜花叶病毒(*Cucumber mosaic virus*,CMV)、烟草花叶病毒(Tobacco mosaic virus,TMV)和菊花矮化类病毒(*Chrysanthemum stunt viroid*,CSVd)。该病通过带病种苗分株、扦插、嫁接等无性繁殖进行传播,也可通过蚜虫、叶蝉、蓟马取食传毒或农事操作掐顶传播。

3.防治要点

(1)农业防治:采用脱毒种苗可以从源头上有效控制病毒病的发生;尽量实行轮作或套种,避免连作重茬;加强田间管理,合理增施有机肥,改善排水和通风,促进植株健壮生长;发现病株应及时拔除、销毁,农事操作中要注意工具的消毒处理;采用防虫网和黄板等方法阻隔或诱捕蚜虫,防止蚜虫传播,确保菊花生产的安全。

（2）药剂防治：发病初期，喷洒 6%寡糖·链蛋白可湿性粉剂 75~100 克/亩、0.5%菇类蛋白多糖水剂 300 倍液、5%菌毒清可湿性粉剂 400 倍液、7.5%克毒灵水剂 700~800 倍液或 3.85%病毒必克可湿性粉剂 700 倍液，每隔7~10 天喷施 1 次，连续喷 2~3 次。

▶ 第十节　百合病害

百合（*Lilium* spp.）通常是对百合科百合属一类具有地下鳞茎的多年生草本植物的统称，其中卷丹百合（*L. lancifolium* Thunb.）、百合（*L. brownii* var. *viridulum* Baker，俗称龙牙百合）和细叶百合（*L. pumilum* DC.，俗称兰州百合）为《中国药典》收录的药用百合品种，同时也是药食兼用品种。发展至今，我国已经形成甘肃兰州、安徽霍山、湖南龙山及隆回、江西万载等药食两用百合主产区。

近年，随着栽培面积的扩大和连作年限的增加，药用百合病害的发生逐渐加重，特别是危害药用部位的百合腐烂病、百合炭疽病、百合疫病等病害，常引起鳞茎鳞片腐烂、植株死亡，严重影响药材产量和品质，且对这些病害的防治难度较大，已成为限制药用百合大规模种植的重要因素。其中百合腐烂病造成的损失率为 20%~30%，严重的可达 80%，占年均各种病害总损失的一半以上；百合炭疽病一般年份的发病率约为 30%，个别年份可出现大流行；百合疫病发病高峰期病株率为 89%~100%，一般造成百合产量损失为 30%~50%，对百合生产造成了严重的威胁。此外，百合病毒病流行较严重，各大产区病毒病自然发生率为 20%~30%，严重者达 80%，病毒病感染可抑制百合生长和鳞茎膨大，这是造成百合产量、品质降低和连作障碍的重要原因之一。

一 百合腐烂病

1.发病症状

百合腐烂病主要危害鳞茎、根部，它是百合生产中最具破坏性的病害。腐烂病发生初期，鳞片可见褐色略凹陷的斑点，后逐渐扩大、坏死，后期鳞茎褐变、腐烂，鳞片从鳞茎盘处腐烂和剥落，植株生长缓慢，叶片萎蔫，最终全株死亡（图1-25）。

图1-25　百合腐烂病

2.发病特点

药用百合鳞茎腐烂病的主要病原菌为镰刀菌属（*Fusarium*）和弯孢属（*Curvularia*）真菌。由镰刀菌侵染引起的腐烂病又称枯萎病、根腐病、茎腐病、基腐病等，已鉴定出的镰刀菌属致病菌有尖孢镰刀菌百合专化型（*Fusarium oxysporum* f.sp. *lilii*）、腐皮镰刀菌（*F. solani*）、串珠镰刀菌（*F. moniliform*）、层出镰刀菌（*F. proliferatum*）及共享镰刀菌（*F. commune*）等多种，其中由尖孢镰刀菌引起的百合腐烂病最严重。

病原菌多数以菌丝体存在于种球内部，或以厚垣孢子随病残体在土壤中越冬，成为次年主要侵染源。一般5月上旬开始发病，6月进入发病高峰期。主要发生在潮湿季节，高温、高湿环境下发病严重，重茬、线虫、地下害虫、土壤酸碱度、培植手段及环境等要素都与百合鳞茎腐烂病的存在有着密切的联系。

3.防治要点

(1)农业防治:选用无病害、无伤、健康肥大的鳞茎进行种植;宜与水稻、小麦等作物实行轮作倒茬;根据种球大小合理密植,以12万~15万株/公顷为宜,每株间距20~30厘米,保持田间通风、透光,以降低发病率;适当增施有机肥、磷、钾肥,以提高植株抗病力;雨季要及时清沟排渍,严禁田块渍水;及时清除田间病株残体和杂草,以减少越冬菌源。

(2)药剂防治:结合土壤耕翻,用石灰粉150~200千克/亩用量,或用50%多菌灵可湿性粉剂拌土撒施,对土壤进行消毒处理;播种前,用50%多菌灵可湿性粉剂600倍液加1%甲氨基阿维菌素苯甲酸盐乳油400~500倍液浸种20分钟,晾干表面水分后,播种;发病初期,喷施46%氢氧化铜水分散粒剂,可起到较好的保护作用;结合施肥,增施含枯草芽孢杆菌或解淀粉芽孢杆菌生物菌肥,可有效防止百合鳞茎腐烂病的发生;也可选择代森锰锌+甲基托布津、多菌灵+代森锰锌和多菌灵+甲基托布津、多菌灵+福美双和多菌灵+福美双+ 21%过氧乙酸复配剂防治,药剂交替轮换使用。

二 百合炭疽病

1.发病症状

百合炭疽病在生长期主要危害百合叶片,也可危害百合花和茎。叶片病斑呈椭圆形或不规则形,中央灰白色,稍凹陷,周围黄褐色,病健交界明显;潮湿时,病斑上生有黑色小点;病发严重时,叶片干枯、脱落。茎部受害,病斑呈长条形,茎秆呈黑褐色枯死,后期病部产生大量小黑点。花瓣感病后,产生淡红色近圆形病斑。鳞茎受害,发病初期外层鳞片产生深褐色病斑,渐转浅褐色,稍凹陷;后期病斑扩展合并,整个鳞片干缩呈黑褐色。

2.发病特点

百合炭疽病由刺盘孢属(*Colletotrichum*)真菌引起,已报道的百合炭疽病的病原菌主要有百合刺孢盘（*C. liliacearum*）和白蜡树炭疽菌（*C. spaethianum*）两种。病原菌主要以菌丝体在病残组织内越冬；种球带菌也是其重要的初侵染源。病原菌在田间病残株上至少可存活 10~15 个月，第二年在环境条件适宜时，病部可产生分生孢子，通过风、雨水传播，引起初侵染。田间发病后，可以形成分生孢子，造成再次侵染。适温高湿季节发病严重。

3.防治要点

（1）农业防治：选用无伤病健康的鳞茎种植；种植地最好采用水–旱轮作模式，不宜与根茎类植物轮作（如生姜、石蒜、番薯等），可选择与棉花、水稻、小麦等轮作；适当密植，种球密度宜保持在 12 万~15 万株/公顷，每株间距 20~30 厘米，保持田间通风、透光；采用高畦面栽培，同时雨季要及时清沟排渍，严禁田块渍水；适当增施有机肥、磷、钾肥，以提高百合抗病力；冬季及时清除田间病株残体和杂草，以控制和减少初侵染源。

（2）药剂防治：播种前，用 50%多菌灵可湿性粉剂 600 倍液加 1%甲氨基阿维菌素苯甲酸盐乳油 400~500 倍液浸种 20 分钟，晾干表面水分后，播种；发病初期，用 25%~50%咪鲜胺乳油 800~1 500 倍液、37%苯醚甲环唑水分散粒剂2 600 倍液、25%苯醚甲环唑乳油 1 600 倍液或 30%苯甲·丙环唑乳油 1600 倍液喷雾防治，每隔 7~10 天用药 1 次，交替使用，连续用药 3~4 次。

三 百合疫病

1.发病症状

百合疫病，又称百合脚腐病，在百合全生育期均可发生。主要侵染叶片、茎、茎基部、花器、鳞茎、根，以叶片发生较普遍。花器感病，花多枯萎、凋谢，其上长出白色霉状物；叶片感病，初为水浸状斑点，扩展成灰绿色大斑，逐渐蔓延至叶基部，潮湿时病部变褐、缢缩，植株上部枯萎、倒伏死亡；茎部与茎基部组织感病，初为水浸状病斑，而后变褐、坏死、缢缩，染病处以上部位完全枯萎；鳞茎感病后褐变、坏死；根部感病时变褐、腐败。

2.发病特点

致病菌属于卵菌门疫霉属寄生疫霉(*Phytophthora parasitica*)。病原菌的卵孢子或菌丝体随病残株在土壤中越冬,成为翌年的初侵染。翌年春季条件适宜时,孢子萌发,侵染寄主,引起发病,病理后期病部又产生大量孢子囊,引起再侵染。该病于3月下旬至4月上旬始见,流行期为4月中旬至5月下旬,5月中旬开始进入垂直发展阶段,5月中旬至6月下旬为垂直发展流行期,流行期长,危害严重;7月上旬病情基本稳定。其中以5月下旬至6月上旬为流行高峰期。

3.防治要点

(1)农业防治:采用高垄或高畦栽培,采用水-旱轮作,避免连作;合理密植,种球密度宜保持在12万~15万株/公顷,每株间距20~30厘米,保持田间通风、透光;雨季要及时清沟排渍,严禁田块渍水;重施基肥及腐熟有机肥,切勿偏施、过迟施用氮肥,适当增施磷、钾肥,以提高植株抗病力;收获后,及时清除残枝落叶和带病残株,以减少越冬菌源数量。

(2)药剂防治:参照百合腐烂病处理土壤。播种前,用50%多菌灵可湿性粉剂600倍液加1%甲氨基阿维菌素苯甲酸盐乳油400~500倍液浸种20分钟,晾干表面水分后,播种;在雨季开始前,按照1:1:200的比例施用波尔多液,预防发病;发病初期,用52.5%噁酮·霜脲氰水分散粒剂540克/公顷、40%王铜·菌核净可湿性粉剂3 000克/公顷、72%霜脲·锰锌可湿性粉剂3 000克/公顷或72.2%霜霉威盐酸盐水剂1 500倍液田间喷雾,以上药剂轮换交替使用。

（四）百合灰霉病

1.发病症状

百合灰霉病,又称百合叶枯病,植株的茎、叶、花均可被侵染。叶部受害,形成黄色或黄褐色斑点,呈圆形至卵圆形,病斑周围呈水渍状;天气潮湿时,病部产生灰色霉层;高温干旱季节发病,病斑干且变薄,浅褐色;随着病情的发展,病斑逐渐扩大,致全叶枯死、焦枯,似"火烧"一样。花蕾染病,初生褐色小斑点,扩展后引起花蕾腐烂,常常为很多花蕾粘在一起腐烂;湿度大时,病部长出大量灰色霉层,后期病部可见黑色细小颗粒状菌核。茎部受害,病部变褐或缢缩,然后倒折;幼嫩茎叶顶端染病,导致幼茎生长点变软、腐败。

2.发病特点

病原菌主要为灰葡萄孢菌(*Botrytis cinerea*)、椭圆葡萄孢(*B. elliptica*)、天竺葵葡萄孢(*B. pelargonii*),主要以菌丝体或菌核在植株残体和土壤中越冬,翌年气温达到 15 ℃后,菌丝体迅速形成大量分生孢子,借助空气、雨水或农事操作传播,孢子经伤口、气孔或直接侵入寄主细胞,完成侵染。该病主要发生于每年 4—6 月,5 月下旬至 6 月下旬盛发。气温 15~20 ℃、相对湿度>90%时,有利于病害的发生和流行,适温高湿、低洼积水、栽植密度大、氮肥用量过多地块,发病重。

3.防治要点

(1)农业防治:选用抗病品种或无伤病健康的鳞茎作为种苗种植;宜与小麦、水稻等作物轮作,有条件的最好选择水-旱轮作;特别要注意控制种植密度,保持田间通风、透气;多雨季节要清沟沥水,保持田间不渍水,降低植株间相对湿度;避免偏施氮肥,可适当增施基肥和腐熟的有机肥,以提高植株抗病性;及时摘除病叶、病花,带出田外集中深埋,防止病害的传播、蔓延;收获后,及时清除残枝落叶和带病残株,以减少越冬菌源数量。

(2)药剂防治:播种前,用 50%多菌灵可湿性粉剂 600 倍液加 1%甲氨基阿维菌素苯甲酸盐乳油 400~500 倍液浸种 20 分钟,晾干表面水分后,播种;发病初期,喷施 86.2%氧化亚铜可湿性粉剂,对百合灰霉病有较好的防治作用;也可使用 5%氨基寡糖素水剂 800 倍液+常规杀菌剂(40%嘧霉胺悬浮剂、75%百菌清可湿性粉剂、50%啶酰菌胺水分散粒剂、75%肟菌·戊唑醇水分散粒剂或 25%啶菌噁唑乳油)喷雾防治,对百合灰霉病的

防效率达85.4%,且植株生长健壮,生长势旺,叶色嫩绿鲜亮,产量较常规
杀菌剂的防治增加15.48%。

五 百合病毒病

1.发病症状

百合病毒病是系统性病害,危害全株,是百合栽培的重要病害之一。百合病毒病的症状识别因不同的病毒种类和普遍的复合侵染而变得比较复杂。百合无症状病毒(*Lily syptomless virus*,LSV)单独侵染一般为隐症,常与其他病毒复合侵染,引起花叶、畸形、坏死斑等症状;黄瓜花叶病毒(*Cucumber mosaic virus*,CMV)常引起百合轻花叶、斑驳、扭曲症状,轻病株能开花但花器畸形或花瓣开裂,重病株则矮化、鳞片短、不能开花;百合斑驳病毒(*Lily mottle virus*,LMoV)侵染后,百合叶片出现斑驳条纹甚至坏死斑,后期花、叶片卷曲、畸形,并常伴植株矮小、花与球茎减产等。

2.发病特点

侵染百合的病毒多达19种。在我国危害较重、发病较多的病毒主要有3种,即百合无症状病毒、黄瓜花叶病毒和百合斑驳病毒。田间病毒复合侵染现象较普遍。病毒在留种的百合株内越冬,通过分株、扦插、嫁接等无性繁殖进行传播。气候干旱情况下普遍发生,可借助汁液摩擦、农具、蚜虫等传播。

3.防治要点

(1)农业防治:引种时,要严格检疫,采用组织脱毒种苗种植,可从源头上有效地控制病毒病发生;采用轮作(百合和水稻轮作)或套种方式,避免连作重茬;加强田间管理,合理增施有机肥,改善排水通风等能有效地促进植株健壮地生长;发现病株应及时拔除、销毁,农事操作中注意工具的消毒处理;田间悬挂黄板诱捕蚜虫,同时注意保护和利用瓢虫、草蛉等捕食性天敌及赤眼蜂等寄生性天敌。

(2)药剂防治:发病初期,用高锰酸钾与植物双效助壮素(病毒K)等量混合800~1 000倍液喷雾防治,以控制病害蔓延;或用盐酸吗啉胍

可湿性粉剂 600~800 倍液或阿泰灵可湿性粉剂对全株进行喷雾防治,每隔 5~7 天喷 1 次,连喷 3~4 次。在防治蚜虫时,可添加防治病毒病的宁南霉素、菇类蛋白多糖等生物农药,如 2%氨基寡糖素或 80%盐酸吗啉胍+啶虫脒 1 500 倍液,再加营养液喷雾防治。

▶ 第十一节　板蓝根病害

板蓝根为十字花科植物菘蓝(*Isatis indigotica* Fort.)的干燥根。菘蓝的根、叶均可入药,根入药称为板蓝根,叶入药称为大青叶。除传统入药使用外,板蓝根也是一种营养价值较高的蔬菜。板蓝根具有抗寒、耐旱、抗性强的优势,适应性广,在我国南北各地均可栽培,主产于甘肃、河北、安徽、江苏、浙江、内蒙古、陕西、山西、山东、河南、贵州、云南等地。板蓝根常见的病害包括板蓝根霜霉病、板蓝根菌核病、板蓝根黑斑病、板蓝根白锈病、板蓝根根腐病、板蓝根病毒病等。

一 板蓝根霜霉病

1.发病症状

板蓝根霜霉病主要危害叶片和叶柄,也可侵染花梗、茎及角果。在感染初期,叶面出现边缘模糊的不规则形病斑,呈黄色至褐色;叶子背面对应位置伴随生有一层白色至浅灰色的霜状物,为病原菌的囊梗和游动孢子囊;发病严重时,叶片变黄、干枯,甚至整株死亡。茎、花梗、花瓣、花萼及角果被害后变褐,病斑上生有白色霜状物,常造成组织变形。

2.发病特点

板蓝根霜霉病由菘蓝霜霉菌(*Peronospora isatidis*)侵染引起,病原菌以卵孢子在土壤中或田间病残体内越冬、越夏,或以菌丝在病变组织内越冬、越夏。病原菌孢子囊通过风、雨水传播,整个生长季可引起多次再侵染。霜霉病的发生与栽培条件、湿度和温度等有直接的关系,春秋两季低温、昼夜温差大、多雨高湿或雾重露大时有利于发病,4—6 月为发病高峰期,9—10 月可继续扩展危害。

3.防治要点

(1)农业防治:选择高燥地块栽植或作高畦栽培;实行轮作,前茬最好为玉米、小麦或豆茬作物,忌以白菜、萝卜、甘蓝等十字花科植物及黄瓜、番茄等易感霜霉病的作物为前茬;合理调整种植密度,并保持通风和足够的光照;在田间管理中,可以建立沟渠进行排水,以降低田地湿度;避免偏施氮肥,增施磷、钾肥,以提高植株抗病力;在入冬前及时清除田间的病株残体及杂草,以减少越冬的病菌。

(2)药剂防治:在霜霉病发病初期,喷洒 58%代森锰锌 800 倍液、50%烯酰·锰锌可湿性粉剂 800~1 000 倍液或 28%甲霜灵 600 倍液等,间隔 10 天喷施 1 次,连续 2~3 次。在发病高峰期喷洒 200~300 倍液的甲霜·锰锌或 1:1:(200~300)倍液的波尔多液。

二 板蓝根菌核病

1.发病症状

板蓝根菌核病可危害全株,其中以茎受害、留种田受害严重。发病初期,基部叶片首先发病,然后向上侵染茎和果实等。叶片感染初期,呈水渍状淡褐色至青褐色病斑、周缘不明显,发病后期叶片全部腐烂,只留下网状叶脉。茎秆受害后,病斑由浅褐色转为白色,稍凹陷,随着皮层组织的逐步腐朽,茎秆呈镂空状,叶片和茎秆布满菌丝,茎内可见黑色鼠粪状菌核,后期全株变白、倒伏、枯死;发病严重时,可造成植株的大批死亡。

2.发病特点

板蓝根菌核病的病原菌为核盘菌(*Sclerotinia sclerotiorum*)。病原菌主要以菌核形式留在土壤中或混杂在种子中越冬,成为次年的初侵染源。田间空气相对湿度在 85%以上,有利于病菌的繁殖。春季4月中旬开始发病,多雨高温的 5—7 月发病最重。连作地、种植过密、排水不良、偏施氮肥,以及早春寒流侵袭频繁等加重病害的发生。

3.防治要点

(1)农业防治:选择高燥地块栽植或作高畦栽培;实行水–旱轮作或与禾本科植物轮作;收获后深翻土壤,将散落在地面的菌核深埋土中,使其不能产生子囊盘;合理调整种植密度,并保持通风和足够的光照;雨后及时排水,以降低田地湿度;避免偏施氮肥,增施磷、钾肥,以提高植株抗病力;在入冬前及时清除田间的病株残体及杂草,以减少越冬病菌。

(2)药剂防治:4 月上旬喷施波尔多液进行防治,发现病株及时清除,并用生石灰处理和封锁病区。发病期间用 65%代森锌 400~600 倍液、50%甲基托布津可湿性粉剂 500 倍液、50%多菌灵可湿性粉剂 1 000 倍液或菌核净等低毒高效农药,每隔 7~10 天喷药 1 次,连续喷 2~3 次,上述药剂轮换使用。

三 板蓝根黑斑病

1.发病症状

黑斑病主要危害板蓝根的叶片,发病初期叶片上会产生椭圆形或近圆形病斑,呈灰褐色至褐色,一般直径为 3~10 毫米;病斑有同心轮纹,周围有渐退的绿晕圈;病斑的正面有黑褐色的霉状物(即病原菌的分生孢子和分生孢子梗);发病严重时,病株叶片会逐渐卷缩直至掉落;茎、花梗及种荚受害产生相似的症状。

2.发病特点

黑斑病属于真菌性病害,主要以菌丝体、分生孢子在植株体内越冬,成为次年初侵染源。病害通常于 5 月初开始发生,一直可延续到 10 月;一般在种植早且长势弱的田地或雨露多、缺肥的植株中发病,6—8 月高温多雨季节为发病高峰期。

3.防治要点

(1)农业防治:选择高燥地块栽植或作高畦栽培;可与小麦、玉米等禾本科作物轮作;科学种植,合理调整种植密度,保持田间通风和足够的光照;雨季及时开沟排水,降低地下田地湿度;选择合适的播种时间,并采用滴灌方式适量浇水;增施含磷和钾的复合肥,施足底肥,以提高板蓝根抗病力;秋冬季,做好田园清洁工作,及时清理病残体及落叶等,并带出田外进行集中焚烧,以减少越冬菌源基数。

(2)药剂防治:在板蓝根发病初期,可喷施 65%代森锰锌 600~800 倍液、1:1:100 的波尔多液、百菌清可湿性粉剂 500 倍液或 50%甲霜灵可湿性粉剂 500 倍液,每隔 15 天喷洒 1 次,连续喷 2~3 次。

四 板蓝根白锈病

1.发病症状

板蓝根白锈病主要危害叶片,叶柄和嫩茎也可受害。在发病初期,植株叶片上会出现黄绿色的斑点,叶子的背面长出隆起的、外表有光泽的白色脓疱状斑点,疱斑呈圆形,直径为 2~3 毫米;疱斑破裂后,涌出白色粉末(白锈菌孢子囊);发病后期,疱斑越来越多,遍布植株叶片的背部,叶片形状畸形并逐渐枯黄、脱落。叶柄及幼茎等发生病害后,病部产生许多白色疱斑,使叶柄、幼茎肥肿、扭曲、变形。

2.发病特点

板蓝根白锈病由白锈菌(*Albugo candida*)侵染引起。病原菌以卵孢子随同病残体在土壤中越冬。一般多在秋末冬初或初春季发生,低温潮湿时发生最盛。最适宜的发病温度为 10~15 ℃,常在连续几天阴雨后、气温渐升时盛发或流行。地势低洼、排水不良、植株过密、偏施氮肥等的地块均易发病。

3.防治要点

(1)农业防治:禁止与十字花科作物连作;选择合适的密度进行种植,保持通风和足够的光照;增施磷、钾肥,以提高板蓝根的抗病力;建立排水沟渠,在雨季降水量较多时及时排水,保证田地的湿度适宜;及时清除田间的植株残体及杂草,以减少越冬的菌源基数。

(2)药剂防治:在板蓝根白锈病发病初期,可采用1:1:120的波尔多液、25%甲霜灵可湿性粉剂800倍液、50%王铜·甲霜灵可湿性粉剂600倍液或58%甲霜灵·锰锌可湿性粉剂500倍液等进行防治,每隔10天喷洒1次,连续2~3次。

五 板蓝根根腐病

1.发病症状

板蓝根根腐病主要危害根部,被害植株的侧根或细小根首先发病,逐渐蔓延向上至主根。被害根部呈黑褐色,随后根系维管束自下而上呈褐色病变,向上蔓延可达茎及叶柄。以后,根的髓部发生湿腐,呈黑褐色,后期主根变成黑褐色、乱麻状的木质化纤维壳。发病植株长势衰弱,植株小,叶呈淡绿色、灰绿色,病株严重时,叶片枯黄、脱落,甚至死亡。将病根从中间剖开,维管束组织呈褐色、腐烂状。

2.发病特点

板蓝根根腐病病原菌主要为尖孢镰刀菌(*Fusarium oxysporum*)、腐皮镰刀菌(*Fusarium solani*)和丝核菌(*Rhizoctonia* spp.),且以腐皮镰刀菌为优势病原菌。5月上旬出现根腐病的中心病株,此后逐渐扩散、蔓延,7月上旬至8月上旬进入发病盛期。重茬、土质黏重、田间郁蔽、通风不良、植株长势差、多雨季节或田间积水时发病率高。

3.防治要点

(1)农业防治:选择土壤深厚肥沃的沙质壤土、排水便利的地块种植,并实行合理的轮作;板蓝根较耐旱,合理浇灌,灌水后田内不能有积水,雨季注意排水、严防田块渍害;注重田间管理,选择合适的种植密度,以保证充足的通风和阳光;适时进行施肥,建议多选用磷、钾肥,以提高植株的抗病力;生长期间发现病株,应及时连根带土移出田外,并用5%石灰乳在发病处消毒。

(2)药剂防治:一般播种前15天左右,用800倍甲基托布津或多菌灵粉剂均匀喷施于地表,并及时耙地,深度为10厘米左右;发病初期及时用药防治,用50%代森铵600~800倍液、70%甲基托布津可湿性粉剂1 000倍液或40%异菌·氟啶胺1 000~1 500倍液灌根或喷洒根茎,每隔10天左右喷洒1次,连续喷2~3次。注意轮换交替用药,喷药时,应着重喷于植株茎基部及地面。

六 板蓝根病毒病

1.发病症状

板蓝根病毒病为系统性病害,是板蓝根生产中的一种重要病害。田间症状表现为叶片呈黄绿相间的花叶、斑驳、皱缩,花畸形,植株矮小,块根变小等,严重时造成减产。

2.发病特点

已鉴定出板蓝根花叶病的病原包括黄瓜花叶病毒(*Cucumber mosaic virus*, CMV)和蚕豆萎蔫病毒2号(*Broad bean mosaic virus* 2,BBWV2)。另外,马铃薯Y病毒属(*Potyvirus*)也是引起花叶病的一类重要病毒,可能造成板蓝根花叶病。病害发生率为5%~10%。病毒病在气候干旱情况下普遍发生,通常借助汁液摩擦、农具、蚜虫等传播。

3.防治要点

(1)农业防治:加强对种子、种苗和无性繁殖材料的检疫;通过茎尖组织培养来培育无毒种苗;选育抗病品种;加强田间管理,培育壮苗;防治介体昆虫,防止病毒传播等。自然界中CMV主要通过蚜虫等虫媒以非持久方式传播,也可通过机械传播。因此,在板蓝根的种植过程中,应特别注意加强对于传毒媒介的防治,及时清除带毒植株,机械收割大青叶时注意消毒农具。

(2)药剂防治:病初期,用高锰酸钾与植物双效助壮素(病毒K)等量混合800~1 000倍液喷雾防治,可控制病害的蔓延;或用盐酸吗啉胍可湿性粉剂600~800倍液或阿泰灵可湿性粉剂对全株进行喷雾防治,每隔5~7天喷1次,连续喷3~4次。也可在防治蚜虫时,添加防治病毒病的宁南霉素、菇类蛋白多糖等生物农药,如2%氨基寡糖素或80%盐酸吗啉胍+啶虫脒1 500倍液,再加营养液喷雾防治。

▶ 第十二节　太子参病害

太子参[*Pseudostellaria heterophylla*(Miq.)Pax ex Pax et Hoffm.]又称孩儿参、米参、童参等,为石竹科孩儿参属(*Pseudostellaria*)植物。常以块根入药,具有益气养阴、生津润肺、健脾消食等功效。福建、贵州、安徽等地为我国太子参的主要种植区。随着太子参的市场需求量增大,太子参种植面积及连作年限不断增加,其病害发生及危害程度逐年加重,种类也逐年增多,已严重影响太子参的品质与产量。病害发生可造成太子参减产10%~30%。太子参整个生长期易遭受太子参叶斑病、太子参猝倒病、太子参立枯病、太子参白绢病、太子参根腐病、太子参紫纹羽病、太子参黑斑病、太子参病毒病等病害危害。太子参根腐病和太子参紫纹羽病的发生最普遍,特别是发病后呈现干腐状坏死,病程较长,对块根的品质影响最严重。太子参根腐病和白绢病的发病与环境温湿度有关,主要发生在5月至7月间块根形成至膨大期,发病后的块根呈湿腐状坏死。太子参病毒病随着块根无性繁殖代数的增加呈逐年加重的趋势,严重时可导致优质太子参品种的退化。据调查,太子参主产区病毒病发病率可达90%,甚至100%,严重危害太子参的产量和质量。

一）太子参叶斑病

1.发病症状

太子参叶斑病是太子参生产中普遍发生的真菌病害,主要危害叶片。

病害在发生初期,植株下部叶片先受害,后逐渐向上扩展至全株。发病初期,叶片表面先出现褐色斑点,后期病斑扩展,呈圆形或不规则形,病斑边缘为褐色,中央呈灰白色或淡黄色,上生有黑色小点(分生孢子器),呈轮状排列;病斑干燥时穿孔,潮湿时形成褐色腐烂;严重时病斑扩大至整叶,直至整株枯萎、死亡。

2.发病特点

引起太子参叶斑病的病原菌主要有斑点叶点霉(*Phyllosticta commonsii*)、细极链格孢(*Alternaria tenuissima*)、壳针孢属(*Septoria* sp.)和壳二孢属(*Ascomycota* sp.)真菌。病原菌以菌丝体或分生孢子器在病残体上越冬,翌年条件适宜时,产生分生孢子,借风、雨水传播。从叶片伤口或气孔侵入侵染,发病后产生分生孢子,一个生长季节可发生多次再侵染,不断扩展、蔓延。一般3月下旬至4月上旬开始发病,5月进入发病高峰期;通常温度在18 ℃以上开始显症,在32 ℃以上停止显症。土质黏重、连作、种植密度过大、偏施氮肥、雨水多时,发病重。

3.防治要点

(1)农业防治:选择地势较高、排水良好、土质肥沃的沙质土或沙壤土种植,实施高厢起埂;与水稻等禾本科作物轮作3~4年,以减轻病害发生的程度;合理密植,保持田间通风透光;平衡施肥,施足底肥,宜选腐熟的农家有机肥,后期增施磷、钾肥,控制氮肥用量,以增强植株抗病力;及时摘除病叶,收获后及时清除病残体,集中烧毁或深埋,以减少初侵染源。

(2)药剂防治:在太子参齐苗后至块根膨大期,结合施肥,施用含氨基酸水溶肥料1 500毫升/公顷。发病初期,及时进行局部施药,消灭发病中心,周围植株喷药保护,初期喷洒4%嘧啶核苷类抗菌素 AS5 100毫克/公顷进行防控,也可选用50%多菌灵可湿性粉剂600倍液喷施,每隔7~10天喷1次,连续喷2次。土壤中施用包埋10^8菌落总数/毫升枯草芽孢杆菌的生防小球,可有效抑制土壤中的叶斑病病菌。其他化学药剂如70%甲基硫菌灵可湿性粉剂2 000倍液、37%苯醚甲环唑可湿性粉剂2 000倍液、40%氟硅唑乳油2 000倍液或1%申嗪霉素悬浮剂2 000倍液对太子参叶斑病均有较好的防效。

二 太子参猝倒病

1.发病症状

太子参猝倒病在出苗阶段发生重。幼苗大多从茎基部感病,初始在幼茎基部出现水渍状病斑,之后病部变为黄褐色,扩展至整个茎基部,使茎部缢缩成线状;病害发展迅速,幼叶仍为绿色,萎蔫前即从茎基部倒伏贴于厢面,发生猝倒。畦面湿度大时,病残体及周围畦面土层出现一层絮状白霉。

2.发病特点

引起猝倒病的病原菌主要为卵菌门的腐霉属(*Pythium* sp.)和疫霉属(*Phytophthora* sp.)真菌。猝倒病菌以卵孢子或菌丝体在土壤中及病残体内越冬,可长期在土壤中存活,土温15~16 ℃为病菌最适温度,此时病菌繁殖最快。该病害属于土壤带菌,主要靠雨水和农事操作等方式传播,一般3月中旬开始发病,4月上中旬为流行期,早春温度低、湿度大时有利于发病,尤其在苗期遇连续阴雨雾天、光照不足、种植过密、幼苗生长衰弱等情况下,发病较重。

3.防治要点

(1)农业防治:选用无病健康种苗,与禾本科植物进行4年以上轮作;及时中耕除草,增施磷、钾肥或叶面肥,培育壮苗,以增强抗病力;雨后及时做好田块的清沟排水工作,以增加土壤的透气性;发现病株后应立即挖出病株及周围带菌土壤,带离种植地处理。

(2)药剂防治:3%甲霜·噁霉灵水剂600倍液灌浇或用50%烯酰吗啉可湿性粉剂30克, 兑水60千克喷雾。每亩用72.2%霜霉威水剂100毫升、3%甲霜·噁霉灵水剂60克或50%烯酰吗啉可湿性粉剂30克,兑水60千克,喷雾防治,每隔7~10天喷1次,连续喷2~3次。

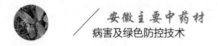
三 太子参立枯病

1.发病症状

太子参立枯病是苗期常发的重要病害，主要危害幼苗茎基部或地下根部,引起死苗缺株。幼茎基部染病后出现褐色水渍状病斑,病斑很快扩展、凹陷,逐渐环绕幼茎,缢缩成蜂腰状,致使幼苗倒伏、死亡;病部呈黄褐色,长 1~2 厘米,病健交界处明显,幼叶倒伏时仍为绿色新鲜状态。地下根部发病,当病斑扩大环绕 1 周时,植株干枯、死亡,但不倒伏;发病轻的植株仅见褐色凹陷病斑而不枯死。厢面湿度大时,病部可见不甚明显的淡褐色蛛丝状霉。

2.发病特点

引起该病的病原菌为担子菌门丝核菌属立枯丝核菌(*Rhizoctonia solani*), 也有报道称另一致病菌为子囊菌门链格孢属的交链格孢(*Alternaria alternata*)。病原菌以菌丝体和菌核在土中越冬,可在土中存活 2~3 年。通常早春低温多雨,幼苗发病重;多雨高温时,成株发病多。幼苗出土后开始发病,3 月下旬至 4 月上旬为发病高峰期,以后逐渐减轻。土质黏重、排水不良、施用未腐熟肥料、播种过密、植株徒长等情况下发病较重。

3.防治要点

(1)农业防治:采用无病健壮种参,选择新植地种植,建议参稻轮作,以减轻病害的发生;加强水肥管理,增施腐熟有机肥、磷、钾肥,以增强植株抗病力;雨后注意排水,防止积水,避免土壤过湿;合理密植,增加通风透光,及时清除杂草,降低田间小环境湿度;清洁田园,及时拔除病株,烧毁病残体,以减轻病原菌的积累和传播。

(2)药剂防治:种植前,种参用 50%多菌灵 500 倍液浸泡 20 分钟左右,或用生防木霉菌或 40 ℃左右热水浸泡种参片刻;种植前,用 50%福美双可湿性粉剂15 千克/公顷拌细土 300 千克,撒施,进行土壤消毒;发病初期,及时进行局部施药,消灭发病中心,周围植株喷药保护,初期喷洒

4%嘧啶核苷类抗菌素 AS5 100 毫克/公顷进行防控，也可选用 200 亿孢子/克枯草芽孢杆菌稀释 1 000 倍液或 50%多菌灵可湿性粉剂 600 倍液喷淋根茎基部,7~10 天喷 1 次,连喷 2 次。

（四）太子参白绢病

1.发病症状

白绢病主要危害太子参块根和茎基部。发病初期,茎基部和根部皮层变褐色,逐渐凹陷、腐烂,并从病部长出白色绢丝状菌丝,菌丝体多呈辐射状扩展,蔓延至附近的土表上。以后在病苗的基部表面或土表的菌丝层上形成油菜籽状的菌核,初为乳白色,渐为米黄色,逐渐为茶褐色。植株发病后期,根茎部组织腐烂,水分和养分的输送被阻断,地上植株叶片变黄、焦枯,整株枯死。

2.发病特点

引起该病的病原菌主要为担子菌门小核菌属的齐整小核菌（*Sclerotium rolfsii*）,有性世代名为罗耳阿太菌（*Athelia rolfsii*）。病菌以菌核或菌丝体在土壤、种参、病残体或杂草上越冬。土壤带菌是主要初次侵染来源,病菌可通过带菌种苗及带菌厩肥、水流传播,以菌核和菌丝蔓延进行再次侵染。该菌喜高温、高湿,一般以 30 ℃为适温,5 月上中旬始发,6 月为发病盛期。常年连作、地势低洼、排水不良、日照不足、土壤瘠薄及较偏酸性的地块发病重;高温干燥后降雨又转晴的条件下,易造成白绢病的大流行。

3.防治要点

（1）农业防治:尽量避免连作,白绢病发生严重的田块应与水稻等水生作物进行 2 年以上的水-旱轮作;以选择土壤肥沃、疏松、排灌方便、背风向阳的沙壤土为好,对偏酸性土壤可掺入生石灰调至中性;前茬作物收获后进行深耕翻晒,以提高土壤的通透性和蓄水保肥的能力;加强水肥管理,增施腐熟有机肥、磷、钾肥,以增强植株的抗病力;雨后注意排水,防止积水,适当降低湿度;合理密植,保证通风透光,及时清除杂草,降低田间小环境湿度,创造有利于太子参健壮生长且不利于病害发生的小气候条件;清洁田园,及时拔除病株,烧毁病残体,以减轻病菌的积累和传播。

(2)药剂防治:播种前,参照太子参立枯病处理太子参种苗。种植前,进行土壤消毒,可用50%福美双可湿性粉剂15千克/公顷拌细土300千克,施在播种厢内盖种;块根膨大期,发现病株带土移出烧毁,病穴撒施石灰粉消毒,喷施30%甲霜·噁霉灵水剂、325克/升苯甲·嘧菌酯悬浮剂、24%噻呋酰胺悬浮剂或用25%三唑酮可湿性粉剂等防治,每隔7~10天施用1次,一个季节施用2~3次。

五 太子参根腐病

1.发病症状

太子参根腐病是太子参产区重要的土传病害,主要危害太子参茎基部和块根。苗期发病,发病植株最初表现为整株或部分分枝类似失水、萎蔫,1~2周部分叶片轻微黄化,根茎部变黄褐色,最终整株萎蔫、干枯、死亡。种参块根表皮开裂、组织缢缩、参头褐变,严重时有白色菌丝长出,最终呈干腐状坏死;发病块根纵向剖面上维管束和内部组织发生褐变和纤维化。

2.发病特点

引起太子参根腐病的病原菌主要为尖孢镰刀菌(*Fusarium oxysporum*)、木贼镰刀菌(*F. eguiseti*)及轮枝孢属(*Verticillium* spp.)真菌。尖孢镰刀菌在土中越冬,随块根带菌传播。病菌从伤口侵入,亦可直接侵入。4月下旬至5月上旬始发病,6月中旬进入盛发期,气温在17~18 ℃始发,22~28 ℃适宜发病。该病发生与地下害虫(如蛴螬、小地老虎等)的危害程度密切相关,土壤湿度大、雨水过多、排水不良等田块发病重。

3.防治要点

(1)农业防治:选用无病、无伤、健壮参块作种参。与水稻等轮作,时间

3年以上,可在很大程度上遏制病原菌的侵染危害;忌与太子参有交叉感染的茄科、十字花科蔬菜和瓜类、花生、甘薯及白术、桔梗等作物轮作和间套种。加强水肥管理,增施生物菌肥(含假单胞菌、芽孢杆菌)等有机肥、磷、钾肥,增强植株抗病力。太子参采挖后,要及时清除田间的病残体和残留植株。此外,在小地老虎、金龟子成虫盛发期,可在田间设置黑光灯诱杀。

(2)药剂防治:用6.6%嘧菌酯·1.1%咯菌腈·3.3%精甲霜灵悬浮种衣剂进行田间种参的消毒,也可用生防木霉菌或40 ℃左右热水浸泡种参片刻;种植前用50%多菌灵可湿性粉剂30~45千克/公顷拌细土撒施畦面,土壤偏酸性的田块可增施生石灰1 500~2250千克/公顷进行土壤改良,亦可采用50%多·福可湿性粉剂1800克/公顷与1 500千克/公顷细土拌匀、撒施,可有效防治太子参根腐病的发生。发病初期,用25%吡唑醚菌酯乳油2 000倍液喷淋茎基部或灌根进行防治。

六 太子参紫纹羽病

1.发病症状

太子参田内发生紫纹羽病时,先出现中心病株,后向周围扩散。染病块根表面附着白色至紫红色根状菌索,菌索纵横交织成网状,后逐渐扩展并缠绕整个块根,在根部表面形成丝绒状或网状的紫红色菌膜;块根被菌丝缠满后,失去光泽逐渐变成黑褐色,内部组织逐渐干腐、消解。发病初期,地上部植株症状不明显;随着病情的发展,植株叶片生长缓慢、细小、黄化,下部叶提早脱落,叶梢或细小枝枯死,严重时地上部倒伏、腐烂、死亡。

2.发病特点

引起该病的病原菌为担子菌门卷担菌属(*Helicobasidium* sp.)真菌,病原菌以菌索、菌核或菌丝体在病根上或随病残体遗留土中越冬,根状菌索和菌核可在土中存活多年。翌年条件适宜,由菌核或根状菌索长出菌丝,侵入细根,向主根扩展。病菌可通过灌溉水、雨水、农具等传播,病健根接触也可传病。紫纹羽病始发于5月底,主要发生于太子参成熟期和采收期(6—9月)。连作、地势低洼、排水不良、偏酸性黏重土壤发病重,前作作物为甘薯、花生等发病亦重。

3.防治要点

(1)农业防治:选用无病、无伤、健壮参块作种参;尽量避免连作,与水稻等水生作物进行3年以上轮作;以选择土壤肥沃、疏松、排灌方便、背风向阳的沙壤土为好,对偏酸性土壤可施入生石灰调至中性;前茬作物收获后进行深耕、翻晒,以提高土壤的保肥的能力;可以用木霉菌、枯草芽孢杆菌菌肥作为底肥,后期增施磷、钾肥,增强植株抗病力;雨后注意排水,防止湿度过大加重病害;合理密植,并及时清除杂草,降低田间湿度;清洁田园,及时拔除发病植株,烧毁病残体,以减轻病菌积累和传播。

(2)药剂防治:参照太子参立枯病处理太子参种苗。种植前,进行土壤消毒,可用50%福美双可湿性粉剂15千克/公顷拌细土300千克/公顷撒施;土壤偏酸性的田块可增施生石灰1 500~2 250千克/公顷进行土壤改良。发病初期使用瑞苗清(30%甲霜·噁霉灵水剂)1 500倍液+入田(24.1%异噻菌胺·肟菌酯悬浮种衣剂)2 000倍液+沃生(中微量元素水溶肥)1 000倍液+碧护(0.136%赤·吲乙·芸苔可湿性粉剂)7 500倍液,在全田植株茎基部周围均匀喷淋并渗透到根部,以提高抗病力。

(七) 太子参病毒病

1.发病症状

病毒病是影响太子参生产的重要病害之一。一般2月下旬至3月上旬开始出现症状,随着植株生长症状更明显。发病轻时,叶脉变淡、变黄,形成浓淡相间的花叶;发病重时,叶片驳斑、皱缩,部分叶片呈现黄色环斑和叶缘卷曲。在苗期发病时,植株矮小、顶芽坏死、叶片不能展开,以及块根数减少、块根变小。田间常出现多种病毒复合侵染的现象。

2.发病特点

据报道,侵染太子参的病毒主要有4种:芜菁花叶病毒(*Turnip mosaic*

virus,TuMV)、蚕豆萎蔫病毒 2 号(*Broad bean mosaic virus 2*,BBWV2)、黄瓜花叶病毒(*Cucumber mosaic virus*,CMV)和烟草花叶病毒(*Tobaccoosaic virus*,TMV)。种参带毒是病毒病远距离传播的主要途径,近距离(田间内植株)通过汁液摩擦或依靠带毒桃蚜、豆蚜(非持久性方式)传播。以带毒块根作为繁殖材料的地区,病害发生重;连作、田间失管、长势差的田块,发病亦重。

3.防治要点

(1)农业防治:加强对种子、种苗和无性繁殖材料的检验;通过茎尖组织培养来培育无毒种苗;选育抗病品种;加强田间管理;及时清除田间杂草,清除传毒介体蚜虫的滋生场所和部分毒源;注意加强对蚜虫等传毒媒介的防治,可在畦面 1 米左右高挂银灰膜条驱蚜或黄色黏虫板诱杀蚜虫,切断病毒传播媒介;及时清除带毒植株,农事操作时注意消毒农具。

(2)药剂防治:出苗后开始防治病毒病,使用安泰生(70%丙森锌可湿性粉剂)600 倍+沃生(中微量元素水溶肥)1 000 倍+碧护(0.136%赤·吲乙·芸苔可湿性粉剂)7 500 倍液均匀喷雾,增强植株的活力,抑制病毒危害。发病期间喷洒病毒 A 可湿性粉剂 600~800 倍液或阿泰灵可湿性粉剂防治,每隔 5~7 天喷 1 次,连续喷 3~4 次。同时,田间发现蚜虫,应立即施药,可喷洒 2.5%鱼藤酮400 倍液 2 250 毫升/公顷或 10%吡虫啉可湿性粉剂3 000 倍液防治。也可在防治蚜虫时,添加防治病毒病的宁南霉素、菇类蛋白多糖等生物农药。

▶ 第十三节 丹参病害

丹参(*Salvia miltiorrhiza* Bunge)为唇形科鼠尾草属植物,以根入药。丹参栽培的历史较长,病害种类较多,严重危害丹参的正常生长发育和次生代谢产物的积累,给生产带来极大的破坏。丹参病害往往与连作障碍互为因果,土壤真菌化退变、病原微生物过量繁殖,在危害丹参植株的同时,也加重了连作障碍的危害。近年来,随着市场需求的逐步增加,丹参种植面积不断扩大,病害的发生也日益严重。生产中常发的病害有丹参叶斑病、丹参枯萎病、丹参根腐病、丹参根结线虫病、丹参病毒病等。其中,以根部病害危害最严重。丹参根腐病是生产中的最重要的病害,发病率一般为 10%~30%,严重地块高达 80%甚至更多;其次为丹参枯萎病,叶部病害以叶斑病最严重。目前,有关丹参病害的研究主要集中在重发病害的症状描述、防治方法等方面,对病原菌的系统鉴定、发病规律的揭示等尚未深入研究。

一 丹参叶斑病

1.发病症状

丹参叶斑病主要危害叶片,多从植株下部叶片开始发病,之后逐渐蔓延至上部幼嫩叶片。初期,叶片上出现针尖大小的灰色斑点,后逐渐扩大为近圆形或不规则形大斑,病斑呈深褐色。阴雨潮湿天气,病斑扩展迅速,严重时病斑密布、连成片,导致整个叶片发黑、干枯、稍皱缩,大量脱落,病重株枯死。

2.发病特点

丹参叶斑病的病原菌尚未明确,有报道认为是由链格孢属(*Alternaria zinniae*)真菌引起的, 也有报道认为是由子囊菌门尾孢属(*Cercospora salvicola*)真菌引起的,还有报道认为是由细菌引起的,病原菌为欧文氏菌。叶斑病在丹参生长的整个生育期均有发生,一般 5 月上旬开始发生,一直持续到秋末,6~9 月为发病盛期。田间的病残体是叶斑病菌越冬的主要方式。未经消毒的种苗种植后,一旦条件适宜,便会发病,进而通过雨水将病原菌传播给周围健康植株。

3.防治要点

(1)农业防治:同一地块种植丹参不超过 2 个周期,选择与禾本科作物或葱蒜类作物轮作,可减少田间菌源量。施足底肥,底肥要施充分腐熟的有机肥料,注意施肥均匀,以免烧根;增施磷、钾肥,以提高丹参的抗病力。收获后将枯枝残体及时清理出田间,集中烧毁;发病时,应及时摘去病叶,并集中烧毁,以减少传染源。

(2)药剂防治:在丹参封垄前,喷施 2 000 亿孢子/克枯草芽孢杆菌可湿性粉剂 1 000 倍液,或 3 亿菌落总数/克哈茨木霉菌可湿性粉剂 500 倍液,以预防发病。在发病初期,可用 15%多抗霉素可湿性粉剂 1 500 倍液,或 3 亿菌落总数/克哈茨木霉菌可湿性粉剂 200~300 倍液喷雾防治。丹参叶片上长有茸毛,在喷雾时可适当添加杰效利或激健等助剂,以及用 0.01%14-羟基芸苔素甾醇可溶粉剂 3 000 倍液,以增强药液附着力,提高药剂防治的效果。

二 丹参枯萎病

1.发病症状

枯萎病是制约丹参生产的第二大病害,主要危害茎基部或根部,严重时可造成植株连片死亡。受害植株长势衰弱,叶片初呈紫红色,后逐渐发黄,茎、枝枯萎,表现似干旱缺水症状,中午萎蔫,早晚恢复,连续数天后,整个植株萎蔫直至枯死;根系长势较弱,须根少,严重时变褐腐烂;主茎及主根切面维管束呈黄褐色。

2.发病特点

引起丹参枯萎病的病原菌主要是尖孢镰刀菌(*Fusarium oxysporum*)和链格孢属(*Alternaria* sp.)真菌。病原菌均以菌丝体、厚垣孢子在土壤中或种根上越冬,成为病害发生的初侵染来源。丹参枯萎病一般在 4 月下旬开始发病,7—8 月是发病盛期,9 月以后逐渐减少。在雨水多、土壤湿度大、排水不畅的黏土地块,病害发生重,特别是土壤湿度大的连作田块病

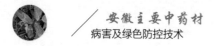

害发生更重。

3.防治要点

（1）农业防治：种植丹参选择田块时，应选择沙土和沙壤土，尽量避免在黏土田块种植；与粮食作物小麦、玉米或葱蒜类蔬菜轮作2年以上；实行宽窄行高垄条播栽培，以增加田块通风、透光性；移栽前施用充分腐熟的有机肥，增施磷、钾肥做基肥，初花期适当喷施叶面钾肥，以促进根部生长；收获后及时清除田间病株和残体，集中处理，以减少病菌的积累。

（2）药剂防治：用70%甲基硫菌灵可湿性粉剂或50%多菌灵可湿性粉剂2.5~3.0千克/亩，加适量细土拌匀，移栽前施穴；种苗消毒，采用70%甲基硫菌灵可湿性粉剂、3%多抗霉素可湿性粉剂或2%嘧啶核苷酸类抗菌素水剂800~1 000倍液浸根8~10分钟，晾干后，定植。在苗期可用200亿孢子/克枯草芽孢杆菌可湿性粉剂500倍液，或3亿菌落总数/克哈茨木霉可湿性粉剂300倍液喷淋茎基和根部进行预防。发病初期，用3%多抗霉素可湿性粉剂1 000倍液、2%嘧啶核苷酸类抗菌素水剂200倍液灌根防治，每株灌液量200~250毫升，每隔7~10天灌1次，连续灌2~3次。

三 丹参根腐病

1.发病症状

根腐病为丹参生产中主要的病害，主要危害根部和茎基部。植株发病初期，丹参部分须根和侧根先发病变褐，呈水渍状腐烂，后逐渐蔓延至主根，导致主根木质部变褐色、腐烂，最后仅留黑褐色维管束；病株地上部僵化、矮小，叶片发黄，似缺肥状，严重时部分枝叶或整株枯死。在叶片发黄时期，纵剖病株茎秆和主根，可见茎秆髓部和主根木质部纤维变褐色。

2.发病特点

引起丹参根腐病的病原菌主要有腐皮镰刀菌（*Fusarium solani*）、层出镰刀菌（*F. proliferatum*）和尖孢镰刀菌（*F. oxysporum*）。丹参根腐病常与丹参枯萎病并发。病原菌以菌丝体、厚垣孢子在土壤中或种根上越冬，成为丹参根腐病的初次侵染来源。一般4月下旬开始发病,一直延续至11月,7—8月为发病高峰期,9月以后病害发展趋缓。病菌通过雨水、灌溉水等传播蔓延,主要从根毛和根部的伤口侵入根系,也可直接侵入。该病是典型的高温、高湿病害,土壤含水量大,土质黏重低洼地及连作地发病重,尤其是久旱突雨常突发。蛴螬等地下害虫和线虫危害重的地块发病也重。

3.防治要点

(1)农业防治:最好选择用种子育苗移栽方式进行丹参种植,可有效解决传统的无性繁殖老种根带病的问题;选择地势高燥、排水良好的土壤和沙壤土田块种植,也可采用高畦深沟栽培,以防止积水;实行轮作,最好与葱蒜类蔬菜或禾本科作物轮作2年以上,以减少病原菌基数,降低发病率;实行宽窄行高垄条播栽培,增加田块通风、透光性;合理施肥,底肥中适当增施磷、钾肥和微生物菌肥,以促进植株健壮生长,提高抗病力;发现病株要及时拔除,并用生石灰处理病穴;收获后要及时清除田间病残体及杂物,并进行冬前深翻冻垡,以减少来年的传染源。

(2)药剂防治:在播种时,采用拌菌土撒施或穴施方式防治地下害虫,可用150亿孢子/克球孢白僵菌可湿性粉剂4.5千克/公顷拌细土300千克/公顷,或 2×10^9 孢子/克金龟子绿僵菌CQMa421颗粒剂75千克/公顷撒于播种沟内。移栽前用70%甲基硫菌灵可湿性粉剂、3%多抗霉素可湿性粉剂或2%嘧啶核苷酸类抗菌素水剂800~1 000倍液浸根8~10分钟后定植。在苗期可用2 000亿孢子/克枯草芽孢杆菌可湿性粉剂500倍液,或3亿菌落总数/克哈茨木霉可湿性粉剂300倍液灌根预防根腐病。发病期可用50%多菌灵、43%戊唑醇悬浮剂、50%多菌灵可湿性粉剂、10%苯醚甲环唑水分散粒剂或25%吡唑醚菌酯悬浮剂800~1 000倍液灌根,每隔7~10天灌1次,连续灌2~3次,上述药剂交替使用。

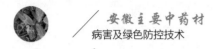
四 丹参根结线虫病

1.发病症状

线虫入侵根部后,丹参须根和侧根产生大小不等的瘤状根结;根结初期呈黄白色,外表光滑,后期变成褐色,最后破碎、腐烂;根结之上一般可长出细弱的新根,至寄主再度染病。丹参根系被线虫侵染后,功能受到破坏,影响植株对养分的吸收,导致地上部植株生长矮小,长势衰弱,叶片退绿、变黄,最终全株萎蔫枯死。

2.发病特点

丹参根结线虫病的病原物有南方根结线虫(*Meloidogyne ineognita*)和北方根结线虫(*M.hapla*),但目前尚缺少系统的鉴定工作。根结线虫主要分布在距地表5~30厘米土层中,以虫卵或2龄幼虫随病残体遗留在土壤中越冬,带病土壤、病残体、带病种苗和灌溉水是主要的传播途径。根结线虫病通常在6月下旬至9月中旬发生,一般在高温高湿、沙壤土中发病较重。

3.防治要点

(1)农业防治:选用无病健康种苗或用种子育苗移栽方式进行丹参生产;选择地势高燥、排水良好的田块种植,也可采用高畦深沟栽培,防止积水;同一地块种植丹参不超过2个周期,宜与葱蒜类蔬菜或禾本科作物轮作2年以上;实行宽窄行高垄条播栽培,增加通风透光;合理施肥,多施腐熟有机肥,增施磷、钾肥,以促进植株健壮生长;收获后,要及时清除田间病残体及杂草,并进行深翻整地,经日晒、干燥、冷冻、深埋,以减少来年线虫基数。

(2)药剂防治:在丹参播种或移植前15天,每公顷施用30千克0.2%高渗阿维菌素可湿性粉剂或10%噻唑膦颗粒剂,加土750千克混匀撒到地表,深翻25厘米进行土壤消毒处理,可以显著降低线虫病的发生;在发病初期可用1.8%阿维菌素乳油1 000~1200倍液灌根,每株灌药液 250~500 毫升,每隔 7~10 天灌 1 次,连续灌 2~3 次。

五 丹参病毒病

1.发病症状

丹参病毒病为系统性病害,发病严重时,植株根系细小,药用成分含量下降,产量和品质大幅降低。丹参感染病毒后所表现的症状变化比较复杂,主要有 3 种类型:①皱缩型,叶片皱缩不展,严重时全株叶片皱缩;②矮化型,病株矮化、丛枝,叶片变小,严重时病叶卷成筒状,最后发黄、枯死;③花叶和黄化型,病叶出现花叶、黄斑、黄脉等症状。

2.发病特点

据调查丹参病毒病在田间普遍存在,主要病原物为黄瓜花叶病毒(*Cucumber mosaic virus*,CMV),但不排除存在复合侵染。病毒主要通过传毒媒介蚜虫危害或种子(种根)带毒传播,也可通过农事操作和病健株接触传播。高温、干旱有利于蚜虫繁殖,同时降低了植株的抗病性,发病严重;连作、田间失管、长势差的田块,发病亦重。

3.防治要点

(1)农业防治:加强对种子、种苗和无性繁殖材料的检验和检疫;选择抗病、无病毒种源,或通过茎尖组织培养培育无毒种苗;清洁田园,及时铲除病株、病残体和杂草,消灭带毒蚜虫;高畦栽培,施足底肥,增施磷、钾肥,以促进植株健壮生长,增强抗病力;田间悬挂黄板,诱杀蚜虫,同时保护好瓢虫、草蛉、食蚜蝇等天敌昆虫;及时清除带毒植株,农事操作时注意消毒农具。

(2)药剂防治:病毒病主要通过蚜虫危害传播,采用治虫防病措施,蚜虫防治可使用0.3%苦参碱植物源杀虫剂 500 倍液,或 10%吡虫啉可湿性粉剂 1 500 倍液,或 25%吡蚜酮可湿性粉剂 2 000 倍液;发病初期,可加入 2%香菇多糖500 倍液或 6%低聚糖素 500 倍液进行喷雾防治,以提高植株的抗病力;药剂交替轮换使用,每隔 7~10 天喷 1 次,连续喷 2~3 次。

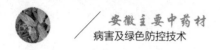

▶ 第十四节 薄荷病害

薄荷(*Mentha haplocalyx* Briq.)为唇形科薄荷属多年生草本植物,是常用的药食两用植物,具有疏散风热、清利头目、利咽、透疹、疏肝行气的功效,在我国分布较广,主产地有江苏、安徽、江西、河北、四川和云南等地。

生产中无性繁殖及长期连作等可造成薄荷种质的退化,病害发生逐渐严重。薄荷易受多种病害侵染,如薄荷根茎腐烂病、薄荷白粉病、薄荷叶斑病、薄荷锈病、薄荷黑胫病、薄荷黄萎病、薄荷病毒病等在适宜的条件下都能致病。高温高湿时,薄荷黑胫病、薄荷茎枯病及薄荷白绢病等易发生;高温干旱时,薄荷病毒病、薄荷灰斑病等易发生。其中以薄荷锈病、薄荷黑胫病危害较重,可导致植株死亡,产油量减少。病毒病危害最普遍,干旱严重时危害较严重。薄荷锈病、薄荷黑胫病、薄荷病毒病是薄荷生产上的三大主要病害。

一 薄荷根茎腐烂病

1.发病症状

薄荷根茎腐烂病主要危害薄荷匍匐根状茎,主要表现为叶片变红、萎蔫和植物发育迟缓。受感染植株在地上靠近土表的茎上形成凹陷的红棕色溃疡,溃疡随后环绕茎并导致植物倒伏;受感染植株地下根茎出现深棕色或黑色病斑,后期导致根茎普遍腐烂、坏死;严重时叶片焦枯、脱落,整株植株枯死。

2.发病特点

已报道的引起薄荷匍匐根状茎腐烂的病原菌有立枯丝核菌(*Rhizoctonia solani*)、菜豆壳球孢(*Macrophomina phaseolina*)、基生梭孢壳菌(*Thielavia basicola*)等。病菌在土壤中越冬,次年外界环境条件适宜时侵入根茎部引起发病,发病期为 4—6 月,扩展期为 7—8 月。土壤黏重、地势低洼、耕作粗放的地块容易发病,多雨季节、光照不足、种植过密情况下发病重。

3.防治要点

(1)农业防治:选用健康种植材料;与非豆科作物实行 2~3 年轮作;合理密植,保持田间通风透光;雨季及时排水,降低田间湿度,以减少病菌入侵机会;提倡施用堆肥或生物菌肥,增施磷、钾肥,以增强抗病力;结合田园清洁,及时清理病株残枝,深埋或烧毁,以减少病源。

(2)药剂防治:栽植前,进行土壤消毒,可使用威百亩或 1,3-二氯丙烯等熏蒸剂处理;定植前,可用 80%噁霉·福美双可湿性粉剂 600~800 倍液进行浸根处理 20 分钟,晾干后定植;发病初期,用 10 亿芽孢/克枯草芽孢杆菌可湿性粉剂 300~400 倍液或 3 亿菌落总数/克哈茨木霉 4~6 克/米^{2}进行灌根,每 10 天灌 1 次,连续灌 2 次,也可有效防治病害的继续危害和蔓延。发病严重时,可用代森锰锌、氢氧化铜、多菌灵等灌根防治。

二 薄荷叶斑病

1.发病症状

薄荷叶斑病主要危害叶片。叶片顶端或边缘产生浅褐色至暗褐色、不规则形坏死斑,并向叶片中脉和基部扩展,多个病斑相互连接引起叶片枯萎,枯萎叶片边缘上卷;空气潮湿时,病斑表面产生灰黑色霉状物,即病菌的分生孢子梗和分生孢子。

2.发病特点

薄荷叶斑病的病原菌为交链格孢菌(*Alternaria alternata*)。病原菌以分生孢子器及菌丝体在病残体上越冬,次年借风、雨水传播。薄荷链格孢叶斑病多发于 4—11 月。高温多雨年份、空气潮湿、土壤湿度大、土壤缺肥、植株衰弱情况下,容易发病。

3.防治要点

（1）农业防治：选择优良品种，实行轮作；合理密植，保持田间通风、透光；加强栽培田间管理，雨后及时疏沟排水，降低田间湿度，以减少发病；提倡施用堆肥，增施磷、钾肥，以增强抗病力；秋季落叶后及时清洁田园，将病残体集中深埋或烧毁，以减少病源；生长期一旦发现病株，应及时摘除病叶，带离种植田并处理。

（2）药剂防治：发病初期，喷洒30%碱式硫酸铜悬浮剂400倍液或30%氧氯化铜悬浮剂800倍液、70%甲基硫菌灵悬浮剂800~900倍液进行防治，每隔7~10天喷药1次，连续喷2~3次。采收前20天停止用药。可用3亿菌落总数/克棘孢木霉菌可湿性粉剂2 000倍液喷雾进行生物防治。

三 薄荷白粉病

1.发病症状

白粉病主要危害叶片和茎，也可侵染植株幼芽、嫩梢和花蕾等部位。突出的特点是发病时叶背面或两面出现一层白色粉状物。发病初期，染病部位出现近圆形或不规则形的白色粉斑，在适宜的条件下，粉斑迅速扩大，并连接成片，使叶面布满白色粉状霉；发病后期，病叶会出现皱缩不平，并向背卷曲，花期明显缩短或花蕾不能正常展开；严重时，植株矮小，花少而小，叶片萎缩干枯，甚至整株死亡。

2.发病特点

薄荷白粉病的病原菌为小二孢白粉菌（*Erysiphe biocellata* Ehrenb.）。病原菌以子囊或菌丝体在病残体上越冬。翌春子囊果散发出成熟的子囊孢子进行初侵染。菌丝体越冬后也可直接产生分生孢子传播蔓延。薄荷生长期间叶上可不断产生分生孢子，借气流、雨水进行多次再侵染，生长后期产生子囊果进行越冬。田间管理粗放、植株生长不良情况下，容易发病。

3.防治要点

（1）农业防治：选用抗病品种；种植薄荷的田块应尽量远离瓜、果地；

结合田管,适当修剪,增加田间通风、透光性;加强肥水管理,适当浇水,降低田间湿度;提倡施用堆肥,增施磷、钾肥,以增强抗病力;白粉病严重时,需将植株地上部分整体剪除;冬季做好清园工作,及时清除病残体及枯枝落叶,集中深埋或烧毁,以减少越冬菌源。

(2)药剂防治:发病初期用 0.2~0.4° Bè 石硫合剂、59%代森铵 400 倍液、20%三唑酮乳油 1 500 倍液、10%苯醚甲环唑水分散粒剂 2 000 倍液、40%氟硅唑乳油 8 000 倍液、43%戊唑醇(好力克)悬浮剂 3 000 倍液喷雾防治,每隔 7 天防治 1 次,连续喷 2~3 次。上述药剂轮换使用,以免产生抗药性。采收前 20 天停止用药。

（四）薄荷锈病

1.发病症状

薄荷锈病主要危害叶片和茎。初发病时,在叶片或嫩茎上产生圆形至纺锤形的微隆起疱斑,后变肿大,疱斑表皮破裂,散出黄色、橙黄色或铁锈色粉状物(病原菌夏孢子);发病后期,病部长出黑褐色粉状物(病原菌的冬孢子)。被害叶片因叶面上附着黄色孢子,严重影响光合作用而表现出初期生长不良;发病后期,多数叶片干枯,造成早期落叶。嫩茎发病后,先是病部以上茎萎蔫,后嫩茎枯死。

2.发病特点

薄荷锈病由薄荷柄锈菌(*Puccinia menthae*)侵染引起。病原菌以冬孢子在土壤中的病残体上越冬,翌年引起初侵染;病害主要由夏孢子传播,进行多次重复侵染。5—10 月,如遇连续阴雨或干旱天气时,极易发病,且蔓延快、危害重。夏孢子借助气流传播,传播距离远,因此,锈病一旦发生,往往发病范围广、面积大。在同一地区连续种植数年,病害发生加重。

3.防治要点

(1)农业防治:选用无病种苗;建议与非寄主作物实行轮作;在薄荷生长期间,忌偏施氮肥,应适当增施磷、钾肥,以促使植株稳健生长,增强抗病力；雨季要注意田间排水，防止受渍；加强田间管理，改善通风透光条件；收获后及时清除枯枝、病残叶及杂草，集中销毁，以减少下一年侵染源。

（2）药剂防治：发病前，喷洒 1:1:100 波尔多液，可起到较好的保护和预防作用。发病期，可喷洒 15%三唑酮可湿性粉剂 1 000~1 500 倍液、50%硫黄悬浮剂300 倍液、25%粉锈宁 1 000~1 500 倍液、70%代森锰锌可湿性粉剂 1 000 倍液+15%三唑酮可湿性粉剂 2 000 倍液、30%固体石硫合剂150 倍液等进行防治，每隔 15 天喷药 1 次，连续喷 2 次。采收前 20 天停止喷药。

五 薄荷黑胫病

1.发病症状

黑胫病主要发生于薄荷苗期，危害薄荷的茎基和根状茎。初期在距离茎基部约 10 厘米的部位产生略凹陷的病斑，随后病斑逐渐扩大，绕茎部 1 周，导致染病部位缢缩、凹陷，后期病斑处组织溃烂，呈深棕色或黑色；严重时，可导致幼根状茎快速腐烂，老根状茎的表皮经常脱落；剖开茎可见髓部变灰褐色，输导组织被破坏，营养、水分的运输受阻，叶片逐渐变黄、发红而枯死，茎变弱、倒伏。

2.发病特点

薄荷黑胫病的病原菌为 *Boeremia strasseri*。病原菌主要以菌丝和分生孢子在土壤或病残体中越冬。早春温度适宜时，分生孢子萌发侵染寄主。凉爽潮湿的环境下易发病。

3.防治要点

（1）农业防治：选用无病种植材料；宜与玉米等作物实行 3 年以上轮作；在薄荷生长期间，忌偏施氮肥，应适当增施磷、钾肥，以促使植株稳健生长，增强抗病力；雨季要注意田间排水，防止受渍；合理密植，加强田间管理，改善通风、透光条件；收获后及时清除枯枝、病残叶及杂草，集中销毁,以减少下一年侵染源。

(2)药剂防治:栽植前,进行土壤消毒,可使用威百亩或1,3-二氯丙烯等熏蒸剂进行处理;定植前,可用80%噁霉·福美双可湿性粉剂600~800倍液进行浸根处理20分钟,晾干后定植;发病时,用50%肟菌酯水分散粒剂、70%甲基硫菌灵可湿性粉剂800倍液或用70%代森锰锌可湿性粉剂500倍液喷雾防治,每隔7天防治1次,连续喷2~3次。上述药剂轮换使用,以免产生抗药性。收获前20天停止喷药。

六 薄荷黄萎病

1.发病症状

薄荷黄萎病是一种危害较重的维管束病害。染病植株一般顶端叶子首先出现症状,叶片不对称发育,扭曲、卷曲、呈新月形,褪绿或呈现红色或古铜色,很快坏死;节间缩短,导致上部叶片丛生或植株矮小;随着病害的发展,植株基部叶片出现黄化并向上发展,导致下部叶片脱落;根据感染的程度和持续时间,症状可以出现在一枝或几枝茎甚至整个植株上;受感染的茎和根表现出维管束变色,植株最终表现出枯萎和过早衰老。

2.发病特点

引起薄荷黄萎病的病原菌为大丽轮枝菌(*Verticillium dahliae* Kleb.),是一种土传病菌。病原菌以微菌核的形式存在于土壤中和病残体上,微菌核可以在土壤中存活10年以上。微菌核萌发侵染并在根系中定植,随后入侵感病寄主的维管系统,引起萎蔫。病原菌可借助灌溉、降水和径流分布到整个农田,也可通过被侵染的根状茎等的运输进行长距离扩散。

3.防治要点

(1)农业防治:黄萎病是一种土传病害,提前预防是有效控制该病发生和蔓延的最有效的方法。首先,要选择无病种植材料。严防病菌传入是杜绝该病发生的最有效的方法;收获后及时清除枯枝、病残叶及杂草,集中烧毁,以减少次年侵染源;与玉米或西蓝花等芸薹属作物进行轮作,不宜与茄子、辣椒、苜蓿、马铃薯、小麦、红三叶草、苏丹草、豌豆等作物轮作;增施磷、钾肥,控施氮肥,以促进植株健壮生长,增强抗病力;用于种植、收获或运输薄荷的设备和机器应注意清洁和消毒,可最大限度地减少田块之间的传播。

（2）药剂防治:栽植前,进行土壤消毒,可使用威百亩或1,3-二氯丙烯等熏蒸剂进行处理;定植前,可用80%噁霉·福美双可湿性粉剂600~800倍液进行浸根处理20分钟,晾干后定植;发病初期,用10亿芽孢/克枯草芽孢杆菌可湿性粉剂300~400倍液结合滴灌进行灌根,每隔10天灌1次,连续灌2次,也可有效地防治病害的继续危害和蔓延。

七 薄荷病毒病

1.发病症状

薄荷病毒病为系统性病害,多全株表现症状,常在幼嫩叶片上出现黄绿相间、不规则的花叶或斑驳。发病植株矮小,茎细弱,叶片皱缩、扭曲、变小、发脆,严重时病叶下垂、枯萎并脱落,甚至全株死亡。

2.发病特点

已鉴定的薄荷病毒病的病原物有黄瓜花叶病毒（*Cucumber mosaic virus*,CMV）、烟草花叶病毒（*Tobacco mosaic virus*,TMV）、苜蓿花叶病毒（*Alfalfa mosaic virus*,AMV）、西葫芦黄花叶病毒（*Zucchini yellowmosaic virus*,ZYMV）、番茄斑萎病毒（*Tomato spotted wilt virus*,TSWV）、草莓潜隐环斑病毒（*Strawberry latent ringspot virus*,SLRSV）等。

病毒主要通过传毒媒介蚜虫危害或种苗带毒传播,也可通过农事操作和病健株接触摩擦传播。高温、干旱有利于蚜虫的繁殖,同时也降低了植株的抗病性,发病严重;连作、田间失管、长势差的田块,发病较严重。

3.防治要点

（1）农业防治:加强对种苗等无性繁殖材料的检验检疫;选择抗病、无毒种源,或通过茎尖组织培养来培育无毒种苗;清洁田园,及时铲除病株、病残体和杂草,消灭带毒蚜虫;增施磷、钾肥,控施氮肥,以促进植株健壮生长,增强抗病力;田间悬挂黄板,诱杀蚜虫;农事操作时注意消毒农具。

(2)药剂防治:防治病毒病必须先防治蚜虫,蚜虫防治可使用0.3%苦参碱植物源杀虫剂500倍液或10%吡虫啉可湿性粉剂1 500倍液或25%吡蚜酮可湿性粉剂2 000倍液;发病初期,可加入2%香菇多糖500倍液或6%低聚糖素500倍液进行喷雾防治,以提高植株的抗病力;药剂交替轮换使用,每隔7~10天喷1次,连续喷2~3次。

▶ 第十五节 玄参病害

玄参(*Scrophularia ningpoensis* Hemsl.)属玄参科(Scrophulariaceae)多年生草本植物,以干燥块根入药。目前我国玄参药材大多为栽培,栽培范围广泛,主产浙江、四川、重庆、江苏、安徽、湖北、江西等地。已报道的玄参病害有玄参叶斑病、玄参斑枯病、玄参白绢病和玄参根腐病等。目前,对玄参病害及防治的研究报道较少,且存在病害命名混乱等问题,同一病原物存在不同的命名,例如由草茎点霉(*Phoma herbarum*)引起的叶部病害,有的称斑枯病,有的称叶斑病,对生产上病害的防治造成了困难。

一 玄参叶斑病

1.发病症状

玄参叶斑病,又称玄参茎枯病,主要危害叶片,也可侵染茎部。发病初期,叶面出现紫褐色小点,逐渐扩大呈不规则圆形,边缘有紫色宽环,后呈棕褐色病斑,后期病斑表面散生许多黑色小点,病斑易破碎形成缺刻穿孔。通常下部叶片最先表现病状,严重时叶片枯死。

茎秆受害出现水渍状浅灰色小斑点,后逐渐扩大呈纺锤形或线条状的褐色病斑,中央为灰褐色凹陷,边缘红褐色,其上散生许多黑色小点;后期茎基部病斑逐渐扩展连成片,病组织粗糙、有裂纹,呈灰白色。当病斑扩大到一定程度,严重阻碍水分等输送,可致整株枯死(图1-26)。

2.发病特点

玄参叶斑病由草茎点霉(*Phoma herbarum*)侵染引起,4月中旬开始发生,6—8月较重,一直到10月。高温、高湿有利于发病。

3.防治要点

图1-26　玄参叶斑病

(1)农业防治:选用健壮无病斑的子芽种植;忌连作,与玉米等禾本科作物进行3年以上的轮作;加强田间水肥管理,及时拔除杂草,改善种苗的生长环境,以增强植株的抗病性,减轻病害症状;收获后清除田间枯枝、落叶及病残株,集中深埋或烧毁,以减少次年侵染源。

(2)药剂防治:用氟硅唑(400克/升)1 000倍液、32.5%苯醚甲环唑·嘧菌酯(20毫升/亩)1 500倍液、58%甲霜灵·锰锌可湿性粉剂800倍液、70%代森锰锌可湿性粉剂600倍液、75%百菌清可湿性粉剂600倍液交替喷施,每隔7~10天喷药1次,连续喷2~3次。

二　玄参斑枯病

1.发病症状

玄参斑枯病主要危害叶片,一般植株下部叶最先发病,后逐渐蔓延至全株。发病初期叶片出现紫褐色小斑点,中心呈白色;逐渐扩大成多角形、圆形或不规则形的灰白色病斑;后期病斑上散生许多黑色小点,为病原菌的分生孢子器;病害发生严重时,病斑汇合成片,叶片干枯、卷缩、呈黑色,常悬挂于茎秆上,随后逐渐蔓延至全株,导致整株变黑、枯死,俗称"铁蕉叶"。

2.发病特点

玄参斑枯病是由壳针孢属玄参壳针孢(*Septoria scrophulariae*)侵染引起的。病原菌以分生孢子器的形式在土壤和病残体中越冬,次年春季遇雨水分生孢子释放孢子,分生孢子在叶片表面萌发形成菌丝,通过表皮和气孔侵入寄主引起初侵染。高温高湿时容易发病,一般3月中旬开始零星发病,6—8月发生较重,一直延续至10月。

3.防治要点

(1)农业防治:选用抗病的优良品种,并选择健壮无病斑的白色子芽做种芽;玄参种植尤其忌连作,应与玉米等禾本科作物进行3年以上的轮作;玄参与高秆作物套作,可在一定程度上防治玄参斑枯病;加强田间水肥管理,及时拔除杂草,改善种苗的生长环境,以增强植株的抗病性,减轻病害症状;收获后清除田间枯枝、落叶及病残株,集中深埋或烧毁,以减少次年侵染源。

(2)药剂防治:栽种前,用80%多菌灵800倍液进行子芽浸种处理;发病初期,拔除病株、摘除病叶,注意在晴天及时进行施药防治,可防止病情加重和蔓延,每隔7~10天喷施1:1:100波尔多液、氟硅唑(400克/升)1 000倍液、70%代森锰锌600倍液、25%咪鲜胺乳油,交替喷施2~3次。

三 玄参白绢病

1.发病症状

玄参白绢病主要危害根和茎基部,以茎基部为主。发病初期,植株茎基部出现水渍状褐色病斑,病斑上长有白色菌丝体,并黏结土后覆盖在病斑上;地上部植株生长正常。发病中期,地上部叶片开始萎蔫,茎基部大部分变成褐色,表土上出现白色绢状菌丝体,多呈辐射状,边缘尤其明显。发病后期,地上部植株萎蔫、枯死,茎基病部及周围表土出现白色–黄色-褐色菜籽状菌核,植株根及茎基部变褐腐烂,呈纤维状,有霉味。

2.发病特点

以菌核或菌丝体在土壤中越冬。随流水和病土转移传播。发病期,菌丝体可沿土壤缝隙向邻株蔓延。高温潮湿、植株生长郁闭、通气性好的沙壤土发病重。

3.防治要点

(1)农业防治:与禾本科作物实行轮作,前茬以豆科或禾本科作物为好;加强田间管理,改善通风透光条件,雨季来临前疏通沟渠,严防田间渍水;增施有机肥和磷、钾肥,以促进植株生长健壮,增强抗病力;及时拔除病株,病穴内撒石灰粉消毒;收获后清除田间枯枝、落叶及病残株,集中深埋或烧毁,以减少次年侵染源。

(2)药剂防治:播种前,土壤撒生石灰,选用无病子芽并用 1 000 倍精甲·咯菌腈悬浮种衣剂(62.5 克/升)浸根 10 分钟,晾干后栽种;发病前期,喷施野菊多糖抗诱剂(CIP)、哈茨木霉进行预防;发病初期,用 10%多抗霉素、50%异菌脲悬浮剂 1 000 倍液喷施植株茎基部。

（四）玄参根腐病

1.发病症状

玄参根腐病主要危害根部和茎基部。植株发病初期,先由须根、支根变褐腐烂,逐渐向主根蔓延,最后导致全根腐烂,外皮变为黑色;随着根部腐烂程度加剧,地上茎叶自下而上枯萎,最终全株枯死;纵剖病根,维管束呈褐色。

2.发病特点

引起玄参根腐病的病原菌为真菌,目前还未作明确鉴定。玄参出苗后的4—5月开始发病,一直延续至11月,6—7月为发病高峰期。病菌通过雨水、灌溉水等传播蔓延,主要从根毛和根部的伤口侵入根系,也可直接侵入。高温高湿、土质黏重的低洼地及连作地发病重,地老虎等地下害虫和线虫危害重的地块发病也重。

3.防治要点

（1）农业防治：选择排水良好的沙质土壤，或作高畦种植；与禾本科作物实行轮作3年以上；加强田间管理，改善通风、透光条件；雨季来临前，疏通沟渠，严防田间渍水；增施有机肥和磷、钾肥，以促进植株生长健壮，增强抗病力；及时拔除病株，病穴内撒石灰粉消毒；收获后清除田间枯枝、落叶及病残株，集中深埋或烧毁，以减少次年侵染源。

（2）药剂防治：种植前，土壤撒施150亿菌落总数/克枯草芽孢杆菌菌剂（0.56~1.05千克/亩），改善土壤菌群结构，抑制根腐病的发生；种芽使用62.5克/升精甲·咯菌腈悬浮种衣剂，稀释1 000倍后浸根10分钟，自然阴干后栽植；发病初期，用10%多抗霉素、50%异菌脲悬浮剂1 000倍液喷施或淋灌植株茎基部，同时可加入1%阿维菌素防治线虫和地下害虫。

▶ 第十六节　半夏病害

半夏[*Pinellia ternata*(Thunb.)Breit.]又名三叶半夏，为天南星科多年生草本植物，以块茎入药。自然分布于东北、华北及长江流域各省区，主产于四川、湖北、河南、贵州等省。人工栽培是目前解决半夏市场需求的主要途径，主要在甘肃、山西、湖北、四川、山东、贵州等地进行人工栽培。随着半夏人工栽培面积的逐年扩大、生长环境的改变和种植的相对集中，半夏叶斑病、半夏茎基腐病、半夏立枯病、半夏软腐病、半夏根腐病、半夏病毒病等病害普遍发生，同时半夏存在连作障碍等问题，加重了病害对半夏的危害程度，其中以半夏软腐病危害最普遍、最严重。半夏软腐病在半夏种植区广泛发生，且在半夏种植、贮藏过程中均会发生，是人工栽培种最常见、治疗难度最大及传播范围最广的病害。目前对半夏病害病原的研究还不够深入，很多病害的具体病原尚无明确的认识。

一 半夏叶斑病

1.发病症状

半夏叶斑病主要危害叶片。发病初期,染病叶片上有不规则、轮廓不清的紫褐色斑点,随后斑点上生有大量小黑点;发病严重时,全叶遍布病斑,导致叶片卷曲,植株枯萎、死亡。

2.发病特点

半夏叶斑病主要由叶点霉属(*Phyllosticta* sp.)真菌侵染引起。病原菌以菌核在病残体或在土壤中越冬,一般4月萌发,随雨水、气流传播,高温多雨季节易发病。

3.防治要点

(1)农业防治:加强田间管理,雨后及时排水,底肥增施有机肥、生物菌剂,以增强植株抗病力;加强田间巡查,发现患病植株应妥善处理,用5%石灰乳浇灌病穴可减缓蔓延速度。

(2)药剂防治:发病期用70%甲基硫菌灵可湿性粉剂1 000倍液、50%多菌灵可湿性粉剂700~800倍液、65%代森铵或72%代森锰锌500倍液交替喷洒,每隔7~10天喷1次,连喷1~2次。也可用大蒜1千克,碾碎,加水20~25千克,混匀后喷洒。

二 半夏茎基腐病

1.发病症状

半夏茎基腐病,又称猝倒病,主要危害植株茎基部,造成芽腐、茎基部腐烂。初期茎基部近地面处产生浅褐色水渍状斑,然后围绕茎基部扩展,形成环状褐色斑,导致幼苗倒伏、死亡。地上部叶片皱缩,病斑水渍状,病势发展迅速,有时症状尚无明显表现即突然死亡,湿度大时,靠近地面的茎基部出现白色棉絮状的菌丝体。常以病苗为中心,造成幼苗大片死亡。

2.发病特点

多为尖孢镰刀菌（*Fusarium oxysporum*）侵染引起，少数由腐霉属（*Pythium*）和疫霉属（*Phytophthora*）真菌侵染引起。4月中下旬、5月中上旬、7月中下旬、9月下旬易发生，特别是土壤湿度大、高湿高温天气频发时开始流行，危害极大。

3.防治要点

（1）农业防治：选择易排灌的地块种植；注意轮作，不能重茬；加强田间管理，雨后及时排水，底肥增施有机肥、生物菌剂，以增强植株抗病力；发现患病植株应妥善处理，用5%石灰乳浇灌病穴，可减缓其蔓延的速度。

（2）药剂防治：播种前，种茎用15%福美双500倍液+50%多菌灵800倍液浸泡处理4小时；发病初期，每亩用枯草芽孢杆菌2千克+98%噁霉灵1 500倍液或35%精甲霜灵、40%氟硅唑乳油进行灌根治疗，每隔5天灌1次，连续使用2次。采收前15天停止用药。

三 半夏立枯病

1.发病症状

半夏立枯病主要危害一年生幼苗。发病初期个别幼苗发病，病株茎基部产生椭圆形暗褐色病斑，早期病苗白天萎蔫，夜晚恢复；后期病斑逐渐凹陷，病部缢缩、青枯、病株枯萎。在适宜环境条件下，病害扩展迅速，叶和茎呈水渍状，逐步变成灰白色至灰褐色，常引起大面积幼苗枯死。发病部位在高湿环境下出现白色蛛丝网状菌丝，后期在病株基部和土壤中有时出现褐色菌核。

2.发病特点

引起半夏立枯病的病原菌为立枯丝核菌（*Rhizoctonias solani*）。病原菌以丝体和菌核在病残体上或土壤中越冬，在土壤中可腐生2~3年。苗期的气候条件是影响立枯病发生的主导因素，播种后如土温较低、出苗缓慢，可增加病原菌侵染的机会。出苗后半个月如遇干旱少雨，幼茎柔嫩,易遭受病原菌侵染。一般在土温 10 ℃左右病原菌即开始活动,多雨、土壤湿度大时,极有利于病原菌的繁殖、传播和侵染。重茬地、低洼地、土质黏重、土壤板结,立枯病严重。

3.防治要点

(1)农业防治:合理轮作;根据气候特点,适时早播;选择土层深厚、土质疏松、保水肥强、地势平坦的地块,深翻并精耕细作,氮、磷、钾和微量元素合理搭配施用,清除田间杂草,培育壮苗,以提高植株抗病力;收获后清除作物残体,以减少菌源。

(2)药剂防治:深翻土壤,用 2 亿活孢子/克哈茨木霉菌 800 倍液全田均匀喷施;播种前,用 5%的草木灰上清液浸种 2 小时或用 0.5%~2%石灰水浸种 12 小时;发病期间,用 70%甲基托布津 500~800 倍液、50%多菌灵 1 000 倍液交替喷雾,每隔 7~10 天喷 1 次,连喷 2~3 次。

四 半夏软腐病

1.发病症状

软腐病发生于半夏生长期间和块茎贮藏期间。生长期间叶柄、叶片水渍样软腐,块茎出现豆渣样腐烂,具恶臭气味,高温高湿条件可导致叶面腐烂和整株倒苗、死亡,传染性极强(图 1-27);贮藏期间块茎内部呈豆渣样腐烂。

2.发病特点

引起半夏软腐病的病原菌主要有胡萝卜软腐果胶杆菌胡萝卜亚种(*Pectobacterium carotovorum* subsp.carotovorum)、(*Pectobacterium*

图 1-27 半夏软腐病

aroidearum)、方中达氏迪克氏菌(*Dickeya fangzhongdai*)和克雷伯杆菌属(*Klebsiella*),属细菌性病害。半夏软腐病主要发生在高温高湿季节,特别是在梅雨季发病尤重。贮藏期,如果密集堆放,且块茎湿度大、温度高,容易感染软腐病;采收时对茎块造成的机械损伤,亦可增加感染软腐病的风险。

3.防治要点

(1)农业防治:合理轮作,不与茄科等易感软腐病的作物轮作;加强田间管理,雨后及时排水,底肥增施有机肥、生物菌剂,增强植株抗病力;播种时选择无病种源和抗病品种,剔除染病的、有虫伤或机械损伤的种茎入库;加强地下害虫的防治和田间巡查,发现患病植株应妥善处理,用5%石灰乳浇灌病穴,可减缓蔓延速度。

(2)药剂防治:播种前,用5%的草木灰上清液浸种2小时或用0.5%~2%石灰水浸种12小时,或用多菌灵50%可湿性粉剂直接拌种后播种;交替轮换使用或复配使用0.3%四霉素水剂400倍液、80%乙蒜素1 000倍液、10%中生·寡糖素或35%氟环唑·吡唑醚菌酯悬浮剂,每隔5天喷施1次,连续喷施2次。采收前15天停用。

五 半夏根腐病

1.发病症状

根腐病是半夏最常见的病害,多发生在高温高湿季节和越夏种茎贮藏期间。根腐病主要危害地下块茎,造成腐烂,随即地上部分枯黄、倒苗、死亡。发病初期根部产生水渍状褐色坏死斑,严重时整个根内部腐烂,病部呈褐色或红褐色,病株易从土中拔起。发病植株随病害发展,地上部分生长不良,叶片由外向里逐渐变黄,最后整株枯死。

2.发病特点

半夏根腐病主要由镰刀菌属(*Fusarium*)真菌侵染引起。主要发生在梅雨季节。引发根腐病的原因包括长时间降雨和土壤板结;土壤营养失调,缺失钾肥;土壤板结严重的低洼地块易造成田间积水,影响根系活力,同时因病菌不断在土壤中富集,导致根腐病不断加重。

3.防治要点

(1)农业防治:与禾本科植物轮作,一般5年左右轮作1次;播种时选择无病种源和抗病品种;加强栽培管理,及时排灌,保持土壤半干半湿状态;增施磷、钾肥,最好与生物菌剂混合施用,以增强植株抗病力;加强地下害虫的防治和田间巡查,发现患病植株应妥善处理,用5%石灰乳浇灌病穴,以减缓蔓延速度。

(2)药剂防治:播种前,种茎用15%福美双500倍液+50%多菌灵800倍液浸泡处理4小时;土壤可用生物菌剂酵素菌1号处理,播种时,先在地上按栽种行距,开3~4.5厘米深的播种沟,在沟内撒药,一般用量450~600千克/公顷;发病初期,每亩用枯草芽孢杆菌2千克+98%噁霉灵1 500倍液或35%精甲霜灵、40%氟硅唑乳油进行灌根治疗,每隔5天灌1次,连续使用2次。采收前15天停止用药。

六 半夏病毒病

1.发病症状

病毒病是系统性病害,危害全株。发病时,叶片上产生黄色不规则的斑点,使叶片出现花叶症状,叶片变形、皱缩、卷曲,直至枯死;植株生长不良,地下块根畸形、瘦小,品质变劣。

2.发病特点

目前报道侵染半夏的病毒主要有3种,黄瓜花叶病毒(*Cucumber mosaic virus*,CMV)、大豆花叶病毒(*Soybean Mosaic Virus*,SMV)和芋花叶病毒(*Dasheen mosaic virus*,DsMV)。病毒病在半夏种植基地普遍发生,且复合侵染较常见。种茎带毒及蚜虫等昆虫传毒可能为其主要传播途径。在3月中下旬、9月中下旬容易发生,特别是新苗嫩叶刚长出,田间蚜虫、蓟马等飞虱类害虫活跃期开始流行。病毒会在植物机械破损处进入,大量繁殖后破坏植物细胞,扰乱正常的生理生化活动,并刺激植物分泌化学物质,导致植物器官变形,影响其光合作用。

3.防治要点

(1)农业防治:采用脱毒种苗可以从源头上有效控制病毒病的发生;尽量实行轮作或套种,避免连作重茬;加强田间管理,合理增施有机肥,改善排水通风,以促进植株健壮生长;发现病株应及时拔除、销毁,农事操作中要注意消毒工具;采用黄板诱杀、银灰膜避蚜等防范措施。

(2)药剂防治:发病初期,用高锰酸钾与植物双效助壮素(病毒K)等量混合800~1 000倍液喷雾防治,可控制病害蔓延,恢复植株生机。也可在防治蚜虫时,添加防治病毒病的氨基寡糖素、菇类蛋白多糖等生物农药,如用70%含量吡虫啉5克+艾绿士15毫升+3%氨基寡糖素15克兑水15千克,或用20%呋虫胺10克+1%香菇多糖30克兑水15千克喷雾,每隔5~7天喷1次,连续使用2次。采收前15天停用。

▶ 第十七节　前胡病害

前胡(*Peucedanum praerupterum* Dunn)为伞形科前胡属多年生药用植物,主要分布于我国安徽、浙江、湖南、四川、江西等地。一般产于安徽、浙江的白花前胡被俗称为宁前胡。安徽皖南地区为宁前胡的主要种植区,随着种植面积的扩大、轮作周期的缩短,宁前胡的病害日益加重。常发的病害主要有前胡叶斑病、前胡叶枯病、前胡白粉病、前胡根腐病等。

一 前胡叶斑病

1.发病症状

叶斑病主要危害前胡叶片和嫩枝。发病初期,病叶上最初出现棕色小

图1-28 前胡叶斑病

点，逐渐扩大，形成不规则坏死病斑，边缘深棕色，中心灰白色。随着时间的推移，病变中心部分变薄，容易穿孔(图1-28)。

2.发病特点

果生刺盘孢(*Colletotrichum fructicola*)是引起前胡叶斑病的主要病原菌。病原菌以菌丝和分生孢子的形态在病残体和土壤中越冬，成为初侵染源。分生孢子借助气流、雨水传播，可重复侵染发病。通常6—8月发病，高温潮湿、土壤积水、偏施氮肥时，连作田发病重。

3.防治要点

(1)农业防治：与玉米等作物轮作或套种；选择无病害、籽粒饱满的种子，播种前用50~55 ℃温水浸泡10~12小时，与草木灰1:1混合后，播种；加强田间管理，增施磷、钾肥，以促进幼苗生长健壮，提高抗病力；雨季注意及时排除积水，降低田间湿度；采收后及时清除田间杂草、病株病叶，集中销毁，以可减少病原菌的数量。

(2)药剂防治：发病初期可用75%肟菌·戊唑醇水分散粒剂或10%苯醚甲环唑水分散粒剂喷雾防治。

二 前胡叶枯病

1.发病症状

叶枯病主要危害前胡叶片和茎基部，苗期发病严重。发病初期叶片边缘及叶尖出现褐色病斑，初为椭圆形或不规则形，后期病斑逐渐扩大至叶片1/3~1/2面积，叶片萎蔫、卷缩，病斑边缘颜色较深，病健界限明显，下部叶片发病重(图 1-29);感染茎基部后呈褐色水渍状,直至枯死。幼苗抗病力弱,易受侵染,病情发展迅速。

2.发病特点

立枯丝核菌(*Rhizoctonia solani*)为前胡叶枯病的病原菌。病原菌以菌丝和菌核形态在土壤或植物病残体上越冬,在土中营腐生生活,可存活 2~3 年。病菌随雨水、土壤、病叶及带菌的堆肥传播。夏秋季高温潮湿、田间地势低洼、排水通风不畅、施氮肥过多,有利于发病。

图 1-29 前胡叶枯病

3.防治要点

(1)农业防治:与玉米等作物轮作或套种;加强田间管理,增施磷、钾肥,以促进幼苗健壮,提高抗病力;雨季注意及时排除积水,降低田间湿度;采收后及时清除田间杂草、病株病叶,带出田外集中销毁。

(2)药剂防治:出苗前,喷 1:2:200 波尔多液 1 次,发病后及时拔出病株,病区撒生石灰消毒。发病初期用 10 亿活芽孢/克枯草芽孢杆菌可湿性粉剂、50%甲基硫菌灵 1 000~1 500 倍液或 50%多菌灵 1 000~1 500 倍液喷施,每隔7 天喷 1 次,连续喷 2 次。

三 前胡白粉病

1.发病症状

发病初期叶片表面出现黄色病斑,叶片背面出现白色粉状物;霉斑早期以单个分散的形式出现,后期扩大成片,联合成一个大霉斑,甚至覆盖全叶,影响光合作用,导致植株早衰,严重时可致植株死亡。

2.发病特点

病原菌以子囊果或菌丝体在病残体上越冬,成为次年的初侵染源。生长期间叶片上可不断产生分生孢子,借气流、雨水进行多次再侵染。通常在6—8月发病。田间管理粗放、植株生长弱的,易发病。白粉病易发生于空气潮湿时,空气干燥时发病严重。

3.防治要点

(1)农业防治:加强田间管理,增施磷、钾肥,以促进幼苗生长健壮,提高抗病力;合理密植,加强田间通风透光;雨季注意及时排除积水,降低田间湿度;发病初期及时摘除病叶病株,带出田外集中销毁,可控制病害的蔓延。

(2)药剂防治:发病初期,采用58%丙森·缬霉威可湿性粉剂500~600倍液、80%代森锰锌400~600倍液、4%四氟醚唑水乳剂1 000~1 500倍液或30%醚菌·啶酰菌悬浮剂1 000~1 500倍液喷雾防治,每隔5~7天喷1次,连续喷2次,建议药剂交替使用。

（四）前胡根腐病

1.发病症状

根腐病主要危害前胡根部。感病初期症状不明显,随着根部腐烂程度的不断加重,根部吸收养分和水分的能力持续减弱,地上植株出现萎蔫,叶片开始发黄、枯萎,直至生长停止;初期个别支根或须根变褐色,水渍状,逐渐腐烂并向主根扩展,最后整个根部变黑、腐烂(图1-30),植株枯死。

2.发病特点

前胡根腐病主要由腐皮镰刀菌

图1-30　前胡根腐病

(*Fusarium solani*)侵染引起。病原菌多以菌核、厚垣孢子在病残根上、土壤中或肥料中越冬,病原菌分生孢子借助气流或雨水、灌溉水传播,通过伤口等侵入危害。根腐病全年均可发生,病害发生的环境条件比较复杂,土壤害虫对根部的啃食在一定程度上为病原菌的入侵提供了有利的条件,也在一定程度上加重了根腐病的发生。根腐病一般在5—7月易发生,连作、地势低洼、排水不畅、高温多雨、土质黏重时,发病较严重。

3.防治要点

(1)农业防治:与玉米等作物轮作或套种;选择无病害、籽粒饱满的种子,播种前用50~55 ℃温水浸泡10~12小时,与草木灰1:1混合后播种;雨季注意清沟排水,及时排除积水,降低田间湿度;增施磷、钾肥,培育壮苗,增强抗病力;采收后及时清除田间杂草、病株病叶,带出田外集中销毁,可减少越冬病原菌的数量。

(2)药剂防治:病区用石灰乳消毒;发病初期,可用25%多菌灵250倍液或80%代森锰锌400~600倍液喷淋病株及周围土壤,每隔10天左右防治1次,连续2~3次,可控制病害的蔓延。

第二章

安徽主要中药材病害绿色防控技术

中药材质量关乎中药的安全和药效。减少化学农药使用量、大力开展中药材病害绿色综合防治,是生产优质中药材的关键。目前,中药材病害综合防治技术有了较大进步,主要包括合理耕作、水肥光调控、中耕除草及清洁田园等农业防治措施,高温消毒、杀虫灯诱杀、防虫网防虫、黄板或蓝板诱杀、仿生胶技术等物理防治措施,以菌控病、以虫治虫、以菌治虫及植物源农药等生物防治措施。

一 药用植物病害发生的特点

我国有药用植物 12 000 多种,其中人工种植的药用植物达 272 种,供应量约占全国中药材市场的 70%,且种植面积还在逐年增加。与农作物相比,中药材不仅种类繁多、药用部位多样,而且产区跨度较大、生物学特征差异显著。这些就决定了中药材病害具有种类多、发生规律各异等特点。此外,多年生中药材地下病害普遍发生,从地上植株难以及时监测到病害危害程度,故防治难度极大。

1.道地药材产区病害发生严重

道地药材是由气候、土壤、人们的栽培习惯等因素形成的,其特点有:栽培历史悠久,药材的品种、质量、栽培方法相对比较稳定。道地药材产区,因常年连作、土壤中的病原菌等有害生物逐年积累而致药材土传病害加重,这一点成为生产上的重要障碍。例如丹参、桔梗由于连作年限长,根腐病和根结线虫病的危害逐年加重,导致丹参成片死亡、桔梗无法种植。

2.中药材根部病害危害严重

许多重要药用植物的根、块根和鳞茎等地下部分,既是药用植物营养成分积累的部位,又是药用部位,这些地下部分极易遭受土壤中的病原菌及害虫的危害,导致减产和药材品质下降。地下部分病害防治十分困难,是植物病害防治中的"老大难"问题。几乎所有的以地下部分入药的药用植物都存在严重的地下病害问题。在生产上较突出的例子,如人参锈腐病和根腐病、贝母腐烂病、白术根腐病、附子白绢病、当归根腐病、三七根腐病、地黄线虫病等。地下害虫种类多,如蛴螬类、蝼蛄类、金针虫类分布广泛,因植物根部被害后,形成伤口,导致病菌侵入,从而加剧地下部病害的发生蔓延。

3.无性繁殖材料是病害的重要初侵染源

用营养器官(根、茎、叶)来繁殖新个体在药用植物栽培中占有很重要的地位。一些药用植物种子发芽困难,或用种子繁殖植株生长慢、年限长,故在生产上习用无性繁殖,如贝母用鳞茎繁殖一年一收,用种子繁殖则需五年才能收获。无性繁殖能保持母体的优良性状,如地黄常用块根繁殖,能使植株生长整齐、产量高;对雌雄异株的植物,无性繁殖可以控制其雌雄株的比例,如栝楼。因为这些繁殖材料基本都是药用植物的根、块根、鳞茎等地下部分,常携带病菌、虫卵,所以无性繁殖材料是病害初侵染的重要来源,也是病害传播的一个重要途径,且种子、种苗常频繁调运,更加速了病虫的传播、蔓延。

(二) 药用植物病害的防治策略

药用植物病害绿色综合防控,必须遵循"预防为主,综合防治"的原则,采用以农业防治为基础,以生态调控、理化诱控和生物防治为重要手段,以化学防治为应急措施的策略,优先采用健身栽培、理化诱控、生物防治等绿色防控技术,把病害的危害控制在经济阈值以下,以达到提高经济效益、生态效益和社会效益的目的。

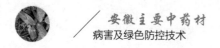
三 药用植物有害生物的监测预警

病害的预测预警是降低病害发生的前提与基础，也是减少农药使用量、生产高品质中药材的重要措施。遵循"预防为主，综合防治"原则，加强中药材有害生物的调查监测，根据有害生物的种类、发生规律和危害特点，科学制定防治方案，因地制宜选用自然调控防治、物理防治、生物防治等绿色防控技术措施，进而确保中药材质量。

相对于农业病害的预测预报研究而言，有关药用植物病害的预测预警技术的研究相对较少，目前相关的研究内容主要包括病害基础信息数据库建设、病害专家支持系统的组建、病害防治智能方案平台的建立、利用"3S"技术（地理信息系统、全球定位系统、遥感技术）动态监控病害发生发展等。这些研究成果已在枸杞、三七、石斛、肉苁蓉、山茱萸等的种植中进行了应用。目前，我国药用植物的病虫监测、防治技术的研究与推广尚处于小范围、产地区域性工作阶段，未形成全国的病虫监测防控体系，未能及时有效地开展病虫的监测和防治技术的指导与推广。因此，各道地药材产区应积极争取将药用植物病虫监测纳入农作物病虫监测网络，从而加强对病害发生情况的监测预警，加大预防力度，提高防控能力。

四 农业综合防治

农业综合防治是中药材病害防治中经济实用的防治方法，通过改进耕作管理措施，创造有利于中药材生长而不利于病害发生的环境来达到控制病害发生和传播的目的。

1.选用优质种苗

优良的种子、种苗是中药材质量优质稳定的基础，优先选择道地产区的具有中药材种子种苗生产经营资质的单位所繁育的种苗。同时，应加强种子、种苗流通环节的检验检疫工作，防止危害性病原体、害虫、杂草等有害生物的传入或传出。在实际生产过程中，应建立无病害的留种田，精选无病害的种子、种苗进行种植及在不同产区调运。对进出口(或过境)及在国内运输的种子、种苗进行检疫,及时销毁携带危险性有害生物的种子、种苗。为得到无病毒植株,可采用组织培养脱毒法培养、生产优质无菌种苗。

2.建立合理的种植制度

目前,中药材生态种植已成为提升中药材品质和推动产业绿色发展的重要模式,我们通过不断的探索形成了多种因地制宜的拟生态种植模式。例如,药-粮(水-旱)轮作种植模式、药-粮间套作种植模式、林下种植模式、野生抚育-人工种植结合模式、拟境栽培模式、景观-生态种植模式等。这些宝贵的探索和经验,必将为全国发展道地药材和推广拟生态种植、生产高品质绿色有机药材提供示范和借鉴。以下重点介绍几种种植模式。

(1)药-粮(水-旱)轮作种植模式:轮作是指在同一田地上有顺序地轮换种植不同作物的种植方式。目前栽培的药用植物中,根类药材占70%,绝大多数忌连作。轮作是一种集约化利用时间的种植模式,也是生产上用于减少病害、恢复地力、减轻连作障碍的有效措施。我国药用植物轮作模式种类多样。根据轮作植物类型可分为药-粮轮作和药-药轮作模式。药-粮轮作,如华东地区的浙贝母-水稻轮作栽培模式、西南地区的川芎-水稻水旱轮作模式、内蒙古地区的黄芪-马铃薯轮作种植模式等。药-药轮作,如丹参-桔梗、川牛膝-黄连、西洋参-紫苏模式等。

轮作植物筛选的基本原则,从前后茬植物的亲缘关系、收获部位、病害发生特点对养分需求差异的互补性等方面考虑。①同科属植物不能轮作,如玄参和地黄不可轮作,黄芪应避免与豆科作物轮作。②根类药用植物,以谷类作物作其前茬比较适宜。如山药以根茎入药,需较多的磷、钾肥,可通过谷类作物作前茬提供。从酚酸类物质影响的角度来看,禾本科作物玉米、小麦等可以作为三七的轮作植物。③叶类和全草类药用植物,以豆科作物或蔬菜作前茬较好,如荭苕、薄荷等生长需充足的氮肥,可以具有固氮作用的豆科植物为前茬。④以种子繁殖的药用植物,要求播种

在无草、水分充足的田地上,因此最好安排在中耕作物或成熟期早的作物之后栽种,以便有充足的时间进行土壤耕作、消灭杂草和积蓄水分。⑤有相同病害的植物之间不宜轮作,以避免病害的大量发生,如地黄和花生、珊瑚菜因均有枯萎病和根线虫病,不宜彼此轮作。

(2)药-粮间套作种植模式:药粮间套作种植模式由喜阴与喜阳植物、高秆与矮秆搭配,可形成高光合效率与高水分利用效率的生态模式,以减少田间杂草、提高土地使用效率、增加农业产值。例如柴胡-玉米套作种植模式,柴胡作为山西的道地药材,产地以旱地为主,柴胡幼苗期喜湿润、阴凉的环境,旺盛生长期需要有足够的光照时间和较强的光照条件。将柴胡与玉米套作可以很好地解决柴胡种子发芽率不高和发芽不整齐的问题,减少了田间杂草。通过药粮套作每亩柴胡每年可收入2 000~3 000元,远高于两者单作。因此,柴胡与玉米套作种植模式非常适合在河北(邯郸、安国)和山西等干旱半干旱地区推广、应用。

(3)林下种植模式:开展中药材林下栽培,有助于充分利用林荫空间、光、温度、水分及营养物质等自然资源,增加生态系统的物种多样性,有利于提高生态系统的稳定性。通过选地整地、种子育苗、移苗定植及最佳遮阴度优选等技术,可有效提高中药材质量,且林下腐叶土和落叶能起到增肥、保湿、抗病虫等多重作用,有效地减少农药、化肥的施用量。林下栽培模式主要适用于喜湿耐阴的藤、草本或者灌木类中药材,如三七、石斛、人参、贝母-厚朴、苍术-杜仲都采取林下栽培的种植模式。

(4)野生抚育模式:这种方式是根据中药材生长特性及对生态环境的要求,在其原生或相类似的环境中,人为或自然增加种群数量,使其资源量达到能为人们采集、利用,并能继续保持群落平衡的药材生产方式。例如,西北地区的甘草野生抚育种植模式。由于多年掠夺性的采挖,甘草野生资源日趋枯竭,栽培甘草已经成为商品药材的主要来源。虽然栽培技术日渐成熟,但是栽培品的质量远不及野生品。甘草野生抚育模式能很大程度地解决甘草资源供需矛盾和质量下降的问题,具有明显的优势。①质量与野生甘草相近。在甘草常规集约化栽培中,实现甘草酸平均质量分数稳定在 2%存在一定的困难,但野生抚育 3 年后甘草不定根中甘草酸质量分数可达到 3.03%,地下茎中可保持在 2.12%,质量与野生甘草相近。②防风固沙,改善生态环境。人工补苗和围栏管理是甘草野生抚育的关键。通过人工补苗,提高原生境植被覆盖面积,进而达到防风固沙的效果。另外,通过封育、轮采等措施,既能提高野生甘草的产量,还可提升资源蓄积量。该模式已获得大规模的应用,如截至 2020 年初,甘肃省靖远县累计示范和推广面积近 6 万亩,示范区甘草的种群密度由每平方米 1.5~3.2 株增加到每平方米 2.4~4.1 株。此外,内蒙古鄂托克前旗,新疆阿克苏、喀什及宁夏灵武、盐池等地已经形成大面积的甘草野生抚育区。

(5)拟境栽培模式:拟境栽培是指中药材种植过程中,尽可能模拟中药材野生生境气候及土壤因子,利用区划技术筛选适宜栽培地,并利用科学设计和巧妙的人为干预形成适合药用植物生长的小生境,其本质是一种人工种植模式。拟境栽培通常要利用种植模式设计、科学灌溉、免耕或少耕、杂草管控、枝叶修剪等管理方式,达到不使用化肥、农药、除草剂、植物膨大剂的目的,通过保持生物多样性及生态系统的相对稳定,实现中药材的生态种植。例如,霍山石斛的拟境栽培取得了较显著的成效。拟境栽培模式利用拟境效应,在道地产区完全模拟霍山石斛的野生生境开展栽培,包括环境选择、移栽、养护等技术要点,生长过程几乎无人工干预,同林下种植、设施栽培相比,综合投入成本低,同时拟境栽培下的霍山石斛具备"优形、优质、优效"的特性。优形是指霍山石斛茎明显变短,汁液含量显著提高,植株形似"蚱蜢腿",形态与野生型极为相似;优质是指 3 种次生代谢产物的含量显著高于林下栽培和设施栽培,总多糖含量分别是两者的 1.26 倍和 1.44 倍、总生物碱含量是 1.74 倍和 2.54 倍、总黄酮含量是 1.57 倍和 1.76 倍;优效是指拟境栽培的霍山石斛具有更好的对环磷酰胺所致肝损伤的保护活性。有研究显示,只有拟境栽培的霍山石斛能够显著抑制小鼠肝组织中丙二醛(MDA)含量的升高。

(6)景观-生态种植模式:遵循生态学原理,引入景观设计理念,选择景观效果好的中药材品种,通过合理配置,形成丰富多样、群落稳定、观赏性强的生态景观。例如金银花梯田堤堰种植模式。金银花为山东道地药材,主产于平邑、费县等地,具有悠久的栽培历史。金银花梯田堤堰种植模式适用于金银花山东主产区临沂平邑县、费县等地的栽培种植。在沂蒙山区,药农根据当地的生态环境,利用堰边闲散土地,进行金银花梯田堤堰种植,提高了土地利用率。大部分的金银花种植在山坡、堤堰等地,既能起到保水保肥功能,又能起到防风固沙的作用,在长期的实践过程中产生了巨大的经济效益和生态效益。在实践中,对金银花进行冬季和夏季修剪,是一项提高产量、复壮更新、延长丰产年限的重要技术措施。目前,金银花梯田堤堰生态种植技术在平邑等地区已推广5万亩以上。

3.加强栽培管理

夏作物收获后,及时深翻耕地,打破犁底层;立土晒垡,通过曝晒土壤或者深埋来消灭病菌和部分害虫虫卵,加速病株残体的分解;土壤结冻前,深翻耕地,通过低温霜冻来消灭部分虫害,增加土壤通透性,熟化土壤、促进植物根系发育,增强中药材抗病虫能力。坚持有机肥与无机肥相结合、大量元素与中微量元素相结合、基肥与追肥相结合、农机与农艺相结合来培肥地力,提高中药材抗逆性。在生长期内,及时除草,提高田间通透性,防止杂草滋生病害,及时拔除早期病株,减轻病害交叉感染,并清除地埂杂草,消灭越冬病菌、成虫或者虫卵,防止病虫侵染。

4.化肥减施增效技术

针对长期使用化肥造成土壤板结、农业面源污染的问题,选用有机肥替代化肥技术、测土配方施肥技术、秸秆还田技术、水肥一体化等技术来增施有机肥,减少化肥的施用。

(1)有机肥替代化肥技术:采用"有机肥+化肥"技术模式,在中药材种植前期,采用沟施或者穴施的方法施足基肥,适度翻耕,将肥料与土充分混匀。基肥施肥类型主要包括有机肥、土壤改良剂、中微肥和复合肥。

(2)测土配方施肥技术:以土壤检测和作物生长需肥规律为基础,把控施肥时期、肥料种类、施肥比例、施肥量等环节,解决作物生长需肥和土壤供肥之间的矛盾,提高作物产量,减少化肥施用量。

（3）秸秆还田技术：应用秸秆还田技术，秸秆腐烂后形成腐殖质，以草养田，提高土壤肥力，维持土壤中有机质的平衡，增加土壤养分，改善土壤团粒结构，增加微生物多样性和优化农田生态环境，使改良后的土壤更加适合中药材的生长。

（4）水肥一体化技术：水肥一体化技术适用于有井、水库或者蓄水池等固定且水源充足、水质良好的地方。按照土壤养分含量和作物需肥规律，选择液态或者可溶性好的固态肥料，与灌溉水混合，搅拌成液肥，可有效解决肥效发挥慢的问题，提高肥料利用率。

五 物理防治

1.利用温差防治病害

利用紫外线辐照土壤，在夏季高温季节采取覆膜来提高地温，杀死土壤中的病原菌、虫源和杂草种子等。

2.利用趋避性防治害虫

（1）灯光诱杀：利用害虫对灯光的趋性，人为设置灯光诱杀。目前，生产上广泛应用的有频振式杀虫灯和纳米汞灯。

（2）色板诱杀：利用害虫对颜色的趋避性，田间悬挂黄板、蓝板诱杀蚜虫等；也可利用反光膜或者银灰色遮阳网，达到驱赶蚜虫的目的。

（3）饵料诱杀：采用害虫的趋化性，用麦麸、谷糠掺入辛硫磷等药剂，或者用糖、醋、酒、吡虫啉配成的毒饵液来诱杀地老虎、金针虫等害虫。

（4）植物诱杀

利用害虫对某些植物有特殊取食、产卵的习性，人为种植植物诱集害虫。

3.人工捕杀

针对集中的虫害，可以利用人工方式捕杀，在实际生产中主要是捕杀中药材上的幼虫和卵；在中药材设施栽培基地可以推广、利用防虫网，在棚室入口和通风口设置防虫网，有效地阻隔害虫，提升中药材的种子质量。在耕地深翻阶段，可以捡出土壤中的蛴螬等幼虫，从而减少危害。

4.阻隔保护

防虫网可有效隔离一些迁飞传播性的害虫,进而达到防虫目的,在中药材设施栽培和良种繁育、种苗繁育基地应加大推广防虫网的应用,棚室入口和通风口设置30~40目的防虫网,可阻隔外来迁入害虫,提高种子、种苗的质量。此外,土壤覆盖薄膜或草也可以达到防病的效果。

5.其他物理技术的应用

其他物理技术,例如辐射不育技术,是指将存储的种子及药材进行辐照处理后用来杀死药材上的害虫、虫卵和病原菌等的技术。

六 生物防治

生物防治技术是利用有益生物或其代谢产物对中药材病害进行有效防治的技术,具有经济、安全、有效且无污染等优点。生物农药根据来源可分为植物源农药、动物源农药和微生物源农药。植物中含有多样的活性物质,目前已报道有70多科200多种植物具有杀虫活性,利用天然的植物化合物进行植物源农药的开发及应用,如苦参碱、烟碱、藜芦碱、印楝素等,可保障药材的安全;动物源农药是指利用动物活体或其代谢产物作为防治有害生物的一类农药,如捕食性昆虫及其次生代谢产物。利用动物本体防治有害生物,又称天敌防治,如“以虫治虫”“以鸟治虫”等,利用自然界生物链对害虫进行抑制,成本低且对环境无污染;微生物源农药系利用微生物菌体及其次生代谢产物作为防治有害生物的一类农药,又称为农用抗生素、生防菌剂或微生物菌剂等,如灭幼脲、阿维菌素、BT(苏云金杆菌)乳剂等。

七 科学用药

化学防治仍是无公害中药材病害防治的常用方法。从生态环保的角度出发,无公害中药材化学防治的重要措施是指在化学农药使用过程中,严格控制化学农药种类与用量,从而保证药材的农残及重金属含量达标。化学农药使用过程中,应该做到科学合理使用,对症用药及适时用药,严格执行用药安全间隔。建议使用高效、低毒、无公害的农药种类,严禁使用国家禁止的剧毒、高毒、高残留的农药。施药时期和施药剂量需严格按照农药使用说明进行,以达到有效杀灭害虫、保护天敌及降低药材农药残量的目的。另外,应加强病虫抗药性的检测治理,在施药过程中合理轮换使用农药,对同一种有害生物采取交替用药措施,从而避免或延缓抗药性的产生。

需要指出的是,我国农药的生产和使用实行严格的登记制度,现行《农药管理条例》第三十四条规定:"农药使用者应当严格按照农药标签标注的使用范围、登记物种、使用方法和剂量进行防治,不得扩大使用范围或者改变使用方法。"目前,我国在中药材上登记的农药品种较少,截至 2021 年 6 月,仅人参、三七、枸杞、白术、延胡索、铁皮石斛、菊花、山药、麦冬、芍药、玫瑰、牡丹、金银花、党参、百合、板蓝根、贝母、大黄、当归、黄精、黄连、玄参、苍术有农药登记。中药材种类繁多,目前规模化种养的中药材在 272 种,且生长习性差异较大,现有的农药登记远不能满足生产的需要。如果盲目使用在其他作物上登记的农药,不仅不符合用药规定,而且还存在较大的安全风险。

附录　中药材农药选用参考资料

表1　中药材生产上禁用的农药

禁用(停用)农药	公告
六六六、滴滴涕、毒杀芬、二溴氯丙烷、杀虫脒、二溴乙烷、除草醚、艾氏剂、狄氏剂、汞制剂、砷、铅类、敌枯双、氟乙酰胺、甘氟、毒鼠强、氟乙酸钠、毒鼠硅(18种)	农业部第199号公告
内吸磷、克百威、涕灭威、硫环磷、氯唑磷	农业部第199号公告
含甲胺磷、对硫磷、甲基对硫磷、久效磷和磷胺(5种高毒有机磷农药及其混配制剂)	农业部第274号公告 农业部第322号公告
含氟虫腈成分的农药制剂(除卫生用、玉米等部分旱田种子包衣剂外)	农业部第1157号公告
苯线磷、地虫硫磷、甲基硫环磷、磷化钙、磷化镁、磷化锌、硫线磷、蝇毒磷、治螟磷、特丁硫磷(10种)	农业部第1586号公告
百草枯水剂	农业部 工业和信息化部 国家质量监督检验检疫总局公告第1745号
氯磺隆(包括原药、单剂和复配制剂)、胺苯磺隆(单剂和复配制剂)、甲磺隆(单剂和复配制剂)、福美胂和福美甲胂	农业部第2032号公告
三氯杀螨醇	农业部第2445号公告
溴甲烷(可用于"检疫熏蒸处理")	农业部第2552号公告
乙酰甲胺磷、丁硫克百威、乐果	农业部第2552号公告
硫丹	农业部第2552号公告
	多部委2019年第10号联合公告
林丹	多部委2019年第10号联合公告
氟虫胺	农业农村部第148号公告
杀扑磷	禁限用农药名录
2,4-滴丁酯*	禁限用农药名录
甲拌磷*、甲基异柳磷*、水胺硫磷*、灭线磷*	农业农村部公告第536号

　*:2,4-滴丁酯自2023年1月29日起禁止使用;甲拌磷、甲基异柳磷、水胺硫磷、灭线磷自2024年9月1日起禁止销售和使用。

表2　无公害中药材登记农药种类

登记作物	病虫害（登记药剂）	化学农药数量	生物农药数量	总计
人参	疫病（噻虫·咯·霜灵、氟菌·霜霉威、氟吗·唑菌酯、甲霜·霜霉威、双炔酰菌胺、烯酰吗啉、霜脲·锰锌、氟醚菌酰胺、霜脲·氰霜唑、氟啶胺） 黑斑病（枯草芽孢杆菌、异菌脲、苯醚甲环唑、嘧菌酯、醚菌酯、代森锰锌、多抗霉素、丙环唑、氢氧化铜、王铜） 根腐病（枯草芽孢杆菌、噁霉灵、异菌·氟啶胺、精甲·噁霉灵） 白粉病（氟硅唑） 灰霉病（枯草芽孢杆菌、哈茨木霉菌、乙霉·多菌灵、嘧菌环胺、氟菌·肟菌酯、嘧霉胺） 立枯病（枯草芽孢杆菌、多粘类芽孢杆菌、哈茨木霉菌、精甲·噁霉灵、噻虫·咯·霜灵、咯菌腈、二氯异氰尿酸钠） 锈腐病（噻虫·咯·霜灵、多菌灵） 炭疽病（唑醚·戊唑醇） 猝倒病（精甲·噁霉灵） 金针虫（噻虫·咯·霜灵、噻虫嗪） 蛴螬（氯氟·噻虫胺） 生长调节剂（氨基寡糖素、赤霉酸）	35	3	38
枸杞	白粉病（蛇床子素、苯醚甲环唑、戊唑醇、吡唑醚菌酯、香芹酚、嘧菌酯、丙环唑、氟硅唑、甲基硫菌灵） 根腐病（十三吗啉） 蚜虫（苦参碱）	11	0	11
铁皮石斛	炭疽病（咪鲜胺、苯醚·咪鲜胺、喹啉·戊唑醇） 软腐病（噻森铜、春雷·噻唑锌、喹啉铜、王铜） 霜霉病（烯酰吗啉） 白绢病（井岗·噻呋） 叶锈病（醚菌酯、啶氧菌酯） 黑斑病（咪鲜胺） 疫病（精甲·百菌清、烯酰吗啉、精甲霜·锰锌） 蚜虫（吡虫啉） 蜗牛（四聚乙醛） 介壳虫（松脂酸钠） 斜纹夜蛾（甲氨基阿维菌素苯甲酸盐、阿维·茚虫威）	19	0	19

续表

登记作物	病虫害（登记药剂）	化学农药数量	生物农药数量	总计
三七	根腐病（枯草芽孢杆菌、棉隆、精甲·噁霉灵、异菌·氟啶胺、啶氧菌酯、精甲·嘧菌酯） 黑斑病（大蒜素、啶氧菌酯、苯醚甲环唑） 立枯病（精甲·噁霉灵） 炭疽病（唑醚·戊唑醇） 霜霉病（烯酰·吡唑酯） 灰霉病（氟菌·肟菌酯） 白粉病（小檗碱、蛇床子素） 圆斑病（春雷霉素、唑醚·喹啉铜） 疫病（氟菌·霜霉威、氟醚菌酰胺、霜脲·氰霜唑） 细菌性根腐病（噻霉酮） 蓟马（苦参碱） 根结线虫（棉隆） 蛴螬（氯氟·噻虫胺） 生长调节剂（吲哚丁酸）	21	1	22
白术	根腐病（枯草芽孢杆菌、精甲·噁霉灵、异菌·氟啶胺、棉隆） 立枯病（井岗霉素、精甲·噁霉灵） 白绢病（井岗·嘧苷素、井岗霉素） 铁叶病（井冈·丙环唑） 小地老虎（二嗪磷） 蛴螬（氯氟·噻虫胺） 生长调节剂（氯化胆碱）	9	1	10
牡丹	黑斑病（苯醚甲环唑） 红斑病（嘧菌酯） 霜霉病（烯酰吗啉） 灰霉病（丁子香酚） 刺蛾（甲氨基阿维菌素苯甲酸盐、茚虫威、灭幼脲） 蛴螬（辛硫磷） 小地老虎（高效氯氟氰菊酯）	9	0	9
山药	炭疽病（苯甲·嘧菌酯、咪鲜胺） 叶斑病（嘧菌·噻霉酮） 根结线虫（阿维菌素） 蛴螬（辛硫磷） 甜菜夜蛾（灭幼脲） 生长调节剂（氯化胆碱）	7	0	7

续表

登记作物	病虫害（登记药剂）	化学农药数量	生物农药数量	总计
百合	疫病（霜脲·氰霜唑、精甲霜·锰锌） 根腐病（哈茨木霉菌、精甲·噁霉灵、异菌·氟啶胺） 炭疽病（唑醚·戊唑醇） 灰霉病（嘧环·咯菌腈、嘧菌环胺、咯菌腈、嘧环·异菌脲） 立枯病（精甲·噁霉灵） 蚜虫（烯啶·吡蚜酮） 蛴螬（氯氟·噻虫胺） 杂草（草甘膦铵盐、草甘膦异丙胺盐） 生长调节剂（1-甲基环丙烯）	14	1	15
药用菊花	白粉病（嘧菌酯、三唑酮） 灰霉病（啶酰·咯菌腈、嘧霉·异菌脲、咯菌腈、嘧霉胺） 生长调节剂（丁酰肼） 蚜虫（吡蚜酮、乙酰甲胺磷、高氯·吡虫啉） 斜纹夜蛾（甲维·茚虫威）	11	0	11
杭白菊	根腐病（井冈霉素A、棉隆、井冈霉素） 叶枯病（井冈霉素A） 蚜虫（吡虫啉、吡蚜酮、啶虫脒） 斜纹夜蛾（甲氨基阿维菌素苯甲酸盐）			
贝母	疫病（霜脲·氰霜唑） 炭疽病（唑醚·戊唑醇） 根腐病（异菌·氟啶胺） 黑斑病（苯甲·嘧菌酯、抑霉唑、戊唑醇） 茎腐病（霜霉威盐酸盐） 蛴螬（氯氟·噻虫胺、阿维·吡虫啉）	9	0	9
金银花	白粉病（吡唑醚菌酯、苯醚甲环唑、戊唑醇、氟硅唑） 蛴螬（氯氟·噻虫胺） 尺蠖（苏云金杆菌、甲氨基阿维菌素苯甲酸盐） 蚜虫（苦参碱、啶虫脒、联苯菊酯） 棉铃虫（茚虫威）	10	1	11
黄精	根腐病（精甲·噁霉灵、异菌·氟啶胺） 立枯病（精甲·噁霉灵） 疫病（霜脲·氰霜唑）	3	0	3
玄参	根腐病（精甲·噁霉灵、异菌·氟啶胺） 立枯病（精甲·噁霉灵） 白绢病（腐霉利）	3	0	3

登记作物	病虫害(登记药剂)	化学农药数量	生物农药数量	总计
地黄	根腐病(精甲·噁霉灵、异菌·氟啶胺) 立枯病(精甲·噁霉灵) 枯萎病(枯草芽孢杆菌) 甜菜夜蛾(甜菜夜蛾核型多角体病毒)	2	2	4
党参	根腐病(精甲·噁霉灵、异菌·氟啶胺) 立枯病(精甲·噁霉灵)	2	0	2
麦冬	炭疽病(唑醚·戊唑醇) 一年生阔叶杂草(苯磺隆)	2	0	2
当归	根腐病(异菌·氟啶胺)	1	0	1
黄连	根腐病(异菌·氟啶胺)	1	0	1
板蓝根	根腐病(异菌·氟啶胺)	1	0	1
大黄	根腐病(异菌·氟啶胺)	1	0	1
苍术	炭疽病(唑醚·戊唑醇)	1	0	1
荆芥	疫病(霜脲·氰霜唑)	1	0	1
川芎	根腐病(大蒜素)	1	0	1
芍药	白粉病(蛇床子素)	1	0	1
丹参	生长调节剂(甲哌鎓)	1	0	1

注:数据来源于中国农药信息网 http://www.icama.org.cn/hysj/index.jhtml,统计时间
　　为 2022 年 1 月。

表3　AA级和A级绿色食品生产均允许使用的农药

类别	物质名称	备注
I. 植物和动物来源	楝素(苦楝、印楝等提取物,如印楝素等)	杀虫
	天然除虫菊素(除虫菊科植物提取液外)	杀虫
	苦参碱及氧化苦参碱(苦参等提取物)	杀虫
	蛇床子素(蛇床子提取物)	杀虫、杀菌
	小檗碱(黄连、黄柏等提取物)	杀菌
	大黄素甲醚(大黄、虎杖等提取物)	杀菌
	乙蒜素(大蒜提取物)	杀菌
	苦皮藤素(苦皮藤提取物)	杀虫
	藜芦碱(百合科藜芦属和喷嚏草属植物提取物)	杀虫
	桉油精(桉树叶提取物)	杀虫
	植物油(如薄荷油、松树油、香菜油、八角茴香油等)	杀虫、杀螨、杀真菌、抑制发芽
	寡聚糖(甲壳素)	杀菌、植物生长调节
	天然诱集和杀线虫剂(如万寿菊、孔雀草、芥子油等)	杀线虫
	具有诱杀作用的植物(如香根草等)	杀虫
	植物醋(如食醋、木醋和竹醋等)	杀菌
	菇类蛋白多糖(菇类提取物)	杀菌
	水解蛋白质	引诱
	蜂蜡	保护嫁接和修剪伤口
	明胶	杀虫
	具有驱避作用的植物提取物(大蒜、薄荷、辣椒、花椒、薰衣草、柴胡、艾草、辣根等的提取物)	驱避
	害虫天敌(如寄生蜂、瓢虫、草蛉、捕食螨等)	控制虫害
II. 微生物来源	真菌及真菌提取物(白僵菌、轮枝菌、木霉菌、耳霉菌、淡紫拟青霉、金龟子绿僵菌、寡雄腐霉菌等)	杀虫、杀菌、杀线虫
	细菌及细菌提取物(芽孢杆菌类、荧光假单胞杆菌、短稳杆菌等)	杀虫、杀菌
	病毒及病毒提取物(核型多角体病毒、质型多角体病毒、颗粒体病毒等)	杀虫
	多杀霉素、乙基多杀菌素	杀虫
	春雷霉素、多抗霉素、井冈霉素、嘧啶核苷类抗菌素、宁南霉素、申嗪霉素、中生菌素	杀菌
	S-诱抗素	植物生长调节

续表

类别	物质名称	备注
Ⅲ.生物化学产物	氨基寡糖素、低聚糖素、香菇多糖	杀菌、植物诱抗
	几丁聚糖	杀菌、植物诱抗、植物生长调节
	苄氨基嘌呤、超敏蛋白、赤霉酸、烯腺嘌呤、羟烯腺嘌呤、三十烷醇、乙烯利、吲哚丁酸、吲哚乙酸、芸薹素内酯	植物生长调节
Ⅳ.矿物来源	石硫合剂	杀菌、杀虫、杀螨
	铜盐(如波尔多液、氢氧化铜等)	杀菌,每年铜使用量不能超过 6 kg/hm^2
	氢氧化钙(石灰水)	杀菌、杀虫
	硫磺	杀菌、杀螨、驱避
	高锰酸钾	杀菌,仅用于果树和种子处理
	碳酸氢钾	杀菌
	矿物油	杀虫、杀螨、杀菌
	氯化钙	用于治疗缺钙带来的抗性减弱
	硅藻土	杀虫
	黏土(如斑脱土、珍珠岩、蛭石、沸石等)	杀虫
	硅酸盐(硅酸钠、石英)	驱避
	硫酸铁(3 价铁离子)	杀软体动物
Ⅴ.其他	二氧化碳	杀虫,用于贮存设施
	过氧化物类和含氯类消毒剂(如过氧乙酸、二氧化氯、二氯异氰尿酸钠、三氯异氰尿酸等)	杀菌,用于土壤、培养基质、种子和设施消毒
	乙醇	杀菌
	海盐和盐水	杀菌,仅用于种子(如稻谷等)处理
	软皂(钾肥皂)	杀虫
	松脂酸钠	杀虫
	乙烯	催熟等
	石英砂	杀菌、杀螨、驱避
	昆虫性信息素	引诱或干扰
	磷酸氢二铵	引诱

表4 A级绿色食品生产允许使用的其他农药

类别	物质名称	数量
杀虫杀螨剂 （39种）	苯丁锡、吡丙醚、吡虫啉、吡蚜酮、虫螨腈、除虫脲、啶虫脒、氟虫脲、氟啶虫胺腈、氟啶虫酰胺、氟铃脲、高效氯氰菊酯、甲氨基阿维菌素苯甲酸盐、甲氰菊酯、甲氧虫酰肼、抗蚜威、喹螨醚、联苯肼酯、硫酰氟、螺虫乙酯、螺螨酯、氯虫苯甲酰胺、灭蝇胺、灭幼脲、氰氟虫腙、噻虫啉、噻虫嗪、噻螨酮、噻嗪酮、杀虫双、杀铃脲、虱螨脲、四聚乙醛、四螨嗪、辛硫磷、溴氰虫酰胺、乙螨唑、茚虫威、唑螨酯	39
杀菌杀线虫剂 （57种）	苯醚甲环唑、吡唑醚菌酯、丙环唑、代森联、代森锰锌、代森锌、稻瘟灵、啶酰菌胺、啶氧菌酯、多菌灵、噁霉灵、噁霜灵、噁唑菌酮、粉唑醇、氟吡菌胺、氟吡菌酰胺、氟啶胺、氟环唑、氟菌唑、氟硅唑、氟吗啉、氟酰胺、氟唑环菌胺、腐霉利、咯菌腈、甲基立枯磷、甲基硫菌灵、腈苯唑、腈菌唑、精甲霜灵、克菌丹、喹啉铜、醚菌酯、嘧菌环胺、嘧菌酯、嘧霉胺、棉隆、氰霜唑、氰氨化钙、噻呋酰胺、噻菌灵、噻唑锌、三环唑、三乙膦酸铝、三唑醇、三唑酮、双炔酰菌胺、霜霉威、霜脲氰、威百亩、萎锈灵、肟菌酯、戊唑醇、烯肟菌胺、烯酰吗啉、异菌脲、抑霉唑	57
除草剂 （39种）	二甲四氯、氨氯吡啶酸、苄嘧磺隆、丙草胺、丙炔噁草酮、丙炔氟草胺、草铵膦、二甲戊灵、二氯吡啶酸、氟唑磺隆、禾草灵、环嗪酮、磺草酮、甲草胺、精吡氟禾草灵、精喹禾灵、精异丙甲草胺、绿麦隆、氯氟吡氧乙酸（异辛酸）、氯氟吡氧乙酸异辛酯、麦草畏、咪唑喹啉酸、灭草松、氰氟草酯、炔草酯、乳氟禾草灵、噻吩磺隆、双草醚、双氟磺草胺、甜菜安、甜菜宁、五氟磺草胺、烯草酮、烯禾啶、酰嘧磺隆、硝磺草酮、乙氧氟草醚、异丙隆、唑草酮	39
植物生长调节剂 （6种）	1-甲基环丙烯、2,4-滴丁酯（只允许作为植物生长调节剂使用）、矮壮素、氯吡脲、萘乙酸、烯效唑	6

参 考 文 献

[1] 曾令祥.药用植物病害[M].贵州:贵州科技出版社,2017.

[2] 乔卿梅.药用植物病害防治[M].3 版.北京:中国农业大学出版社,2015.

[3] 刘佳悦,徐军,董丰收,等.中草药中禁限用农药残留限量标准及分析方法研究进展[J].现代农药,2020,19(5):1-8,35.

[4] 沈亮,徐江,陈士林,等.无公害中药材病害防治技术[J].中国现代中药,2018,20(9):1039-1048.

[5] 赵中华,朱晓明,刘万才.我国药用植物病害绿色防控面临的挑战和机遇[J].中国植保导刊,2020,40(9):103-106,110.

[6] 万修福,杨野,康传志,等.林草中药材生态种植现状分析及展望[J].中国现代中药,2021,23(8):1311-1318.

[7] 钟宛凌,张子龙.我国药用植物轮作模式研究进展[J].中国现代中药,2019,21(5):677-683.

[8] 段金廒,宿树兰,严辉,等.2016—2020 年我国中药资源学学科建设及科学研究进展与展望[J].中草药,2021,52(17):5151-5165.

[9] 程惠珍. 药用植物病害发生特点及其防治策略 [J]. 中药研究与信息,2001(7):15-16.

[10] 何梦翔,李先良,龚家震,等.湖北道地中药材半夏病害调查分析[J].现代园艺,2022,45(8):50-52.

[11] 吴中宝,杨成前,邓才富,等.重庆玄参叶部病害的发生危害及药剂防治效果[J].中国现代中药,2017,19(11):1595-1598.

[12] 甘国菊,杨永康,刘海华,等.薄荷病害的发生与防治[J].现代农业科技,2016(12):151,156.

[13] 王铁霖,关巍,孙楷,等.丹参常见病害的病原、发病规律及综合防治[J].中

国中药杂志,2018,43(11):2402-2406.

[14] 李洪浩,陈庆华,刘胜男,等.四川丹参主要病虫草害及绿色防控措施[J].四川农业科技,2022(4):32-34.

[15] 王蓉,李勇,魏若凡,等.我国太子参主产区病毒病发生情况调查[J].植物保护,2022,48(1):204-210+219.

[15] 帅媛媛,贺美忠.板蓝根常发病害的分析与防治[J].农业技术与装备,2020(10):146-147.

[17] 刘舟,彭秋平,向云亚,等.我国常见药用植物病毒病的危害与防控[J].植物保护,2018,44(1):9-19,44.

[18] 廖华俊,丁建成,董玲,等.百合炭疽病、疫病化学药剂防控试验初报[J].中国瓜菜,2013,26(1):37-39.

[19] 方丽,周建松,谢昀烨,等.浙江省杭白菊病害发生种类及综合防治措施[J].浙江农业科学,2021,62(5):963-965,1034.

[20] 陈巧环,苗玉焕,李金鑫,等.药用菊花常见病害的病原、发病规律及防治措施研究进展[J/OL].中国现代中药:1-15[2022–08–10].

[21] 霍佳欢,温晓蕾,李双民,等.北苍术根腐病病原鉴定及生物学特性研究[J].中国农业科技导报,2022,24(5):137-144.

[22] 游景茂,郭杰,李哲,等.湖北省白术主要病害类型及绿色防控技术[J].湖北农业科学,2019,58(21):54-56.

[23] 张佳星,徐颖菲,徐艳芳,等.白术两种主要土传病害的分离、鉴定及杀菌剂的室内活性筛选[J].植物保护,2017,43(6):177-181,186.

[24] 薛琴芬,孔维兴.芍药栽培与主要病害防治[J].特种经济动植物,2009,12(5):37-38.

[25] 黄向东,薛冬,王书言.牡丹土传病害及其防治研究进展[J].中国农学通报,2012,28(28):114-118.

[26] 宣俊好,张元博,蒙城功,等.洛阳地区牡丹3种主要叶部病害病原菌的分离与鉴定[J].植物保护,2017,43(6):91-96.

[27] 高月,徐江,郭笑彤,等.药用植物根结线虫病害及防治策略[J].中国中药杂志,2016,41(15):2762–2767.

[28] 王欢欢,王瑀,李孟芝,等.无公害桔梗病害综合防治技术探析[J].世界科学技术——中医药现代化,2018,20(7):1148-1156.

[29] 孙天曙,陈永明,王乃宁,等.江苏盐城瓜蒌主要病害发生规律及综合防治技术初探[J].特种经济动植物,2018,21(12):47-51.

[30] 廖长宏,陈军文,吕婉婉,等.根和根茎类药用植物根腐病研究进展[J].中药材,2017,40(2):492-497.

[31] 汪霞,林一帆,张立新.栝楼主要病害及综合防治技术[J].特种经济动植物,2021,24(8):40-41.

[32] 张征,姚卫平.池州市九华黄精主要病害类型及绿色防控技术[J].安徽农学通报,2021,27(16):120-121.

[33] 任杰,王军,丁增成,等.霍山石斛生产质量管理规范研究[J].农学学报,2014,4(6):72-76.